高危行业农民工安全生产培训丛书

电力企业农民工安全生产常识

■ 时　文 主编

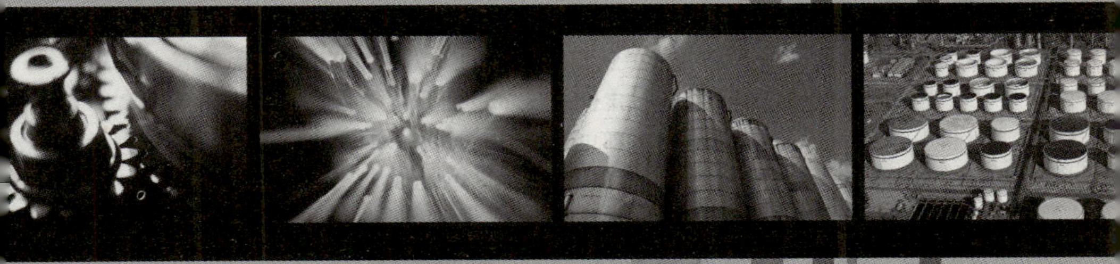

中国劳动社会保障出版社

图书在版编目(CIP)数据

电力企业农民工安全生产常识/时文主编. —北京：中国劳动社会保障出版社，2010
高危行业农民工安全生产培训丛书
ISBN 978-7-5045-8224-9

Ⅰ.电… Ⅱ.时… Ⅲ.电力工业-工业企业-安全生产-技术培训-教材 Ⅳ.TM08

中国版本图书馆 CIP 数据核字(2010)第 030906 号

中国劳动社会保障出版社出版发行
（北京市惠新东街 1 号　邮政编码：100029）
出 版 人：张梦欣
*
北京隆昌伟业印刷有限公司印刷装订　新华书店经销
880 毫米×1230 毫米　32 开本　6.25 印张　140 千字
2010 年 2 月第 1 版　2010 年 2 月第 1 次印刷
定价：15.00 元

读者服务部电话：010-64929211
发行部电话：010-64927085
出版社网址：http://www.class.com.cn

内 容 提 要

本书内容包括电力企业安全生产基础知识、电力安全工器具、电力安全生产规程与技术、常见违章与事故防范、电力安全工器具、事故应急处理与救援等。

本书可作为电力企业农民工安全生产培训教材，也可供电力企业从事安全生产工作的有关人员参考、使用。

本书由时文主编，董伟、邢磊、王琛亮、郭海参与编写。

目　录

第一章 电力企业安全生产基础知识

第一节 电力企业安全生产综述

安全生产是我国的一项基本国策，它事关人民群众生命财产安全、国民经济持续快速健康发展和社会大局稳定，是保证经济建设持续、稳定、协调发展和社会安定的基本条件，也是社会文明进步的重要标志。因此，安全生产不仅是电力工业发展的前提和基础，也是电力企业发挥社会效益和提高企业经济效益的保证。

电力行业是供给国民经济能源的基础行业，也是关系城乡人民生活的公用事业。电力工业具有高度的自动化和发、供、用同时完成的特点。发电、输电、配电和用户组成一个统一的电网运行系统，任何一个环节出了事故，都会影响整个电网的安全稳定运行。严重的事故则会使电网运行中断，甚至导致电网的崩溃和瓦解，造成长时间、大面积的停电，直接影响到工农业生产和人民生活的正常进行，给社会造成重大的经济损失，影响社会的安定，损害党和政府以及企业的形象。所以电力安全生产不仅是经济问题，也是政治问题。

电力生产安全按照电力生产的环节可分为发电安全、送电安全、变电安全、配电安全、用电安全和电网安全；将电力安全生产的范围进一步展开，还可以分为电力生产安全、电力基本建设安全和电力多种经营安全三大部分。

《安全生产法》规定，生产经营单位必须执行依法制定的保障安全生产的国家标准或者行业标准。以《电力法》为主体的电力安全生产法制体系是对《安全生产法》的细化和补充，是执行《安全生产法》的行业措施，是电力企业文化的重要组成部分。在《电力法》中，除了将“安全第一，预防为主”作为电力生产安全方针外，还在第十八条规定：“电力生产与电网运行应当遵循安全、优质、经济的原则。电网运行应当连续、稳定，保证供电的可靠性。”其中，电力安全生产指的是为使电力生产过程在符合安全的物质条件和秩序下进行，以防止人身伤亡、设备损坏和电网事故以及各种灾害的发生，保障职工的安全健康和设备、电网的安全，以及“发、送、变、配、用”电各个环节的正常进行而采取的各项措施和活动。多年来，与电力生产安全相关的安全法规制度和安全管理体系不断发展完善，形成了适合电力行业发展和体现电力行业特色的电力安全体系。

电力生产安全的总体目标是防止发生对社会构成重大影响，对生产力的发展以及对国有资产保值、增值构成重大损失的事故，尤其要杜绝电力生产的人身伤亡事故。为此，《电力法》第十九条规定：“电力企业应当加强安全生产管理，坚持‘安全第一，预防为主’的方针，建立、健全安全生产责任制度。电力企业应当对电力设施定期进行检修和维护，保证其正常运行。”为实现这一总体目标，电力安全生产的重点工作是深入贯彻落实、健全完善安全再生产机制和安全教育机制。把搞好安全生产作为企业管理工作的核心和基础，加强对电业职工的安全思想教育和安全技术培训工作，提高全员安全技术素质，以确保电力工业的安全生产。

我国电力行业一直坚持“安全第一，预防为主，综合治理”的方针，并从电网的技术管理、规程制度建设、职工思想行为的规范和职业道德的建设等方面着手，采取一系列措施，综合加强和科学改进安全管理工作，努力提高电力生产安全的水平。电力安全法规体系以《电力法》为主体，以国家颁布的有关电力安全方面的法律、行政法规、地方法规和电力主管部门颁发的规章为补充，形成不同等级、不同层次、内容完备、界限明确、结构合理、组织严密和统一协调的法规群体。可以说，电力安全法规制度是电力企业的“安全网”，这张“安全网”在不断被细化和完善的过程中，推动和护佑着电力行业的发展。

电力行业的安全发展是靠人来完成的，可以说离不开行业内每一位员工的辛勤努力。在电力行业，要做一名合格的电力生产员工，就首先要从做好安全工作开始，这也是完成生产任务的必要条件。电力员工要做好安全工作，必然要熟悉电力安全规章制度和掌握相关的安全技能，而熟悉电力安全规章制度和掌握相关的安全技能就一定要配合和主动参与电力企业的安全管理。只有配合和主动参与电力企业的安全管理，才能遵守好安全法规制度，才能履行好安全义务，才能有能力承担起应负的安全责任，才能达到安全生产的目标。

第二节　电力企业安全生产工作相关规定

电力安全生产工作相关规定是为了贯彻“安全第一，预防为主，综合治理”的安全生产方针，保证员工在电力生产活动中的人身安全，保证电网安全稳定运行和可靠供电，保证国家和投资者的资产免遭损失而制定的。电力安全生产工作相关规定体现了电力行业的安全文化特色，涵盖了电力企业的安全体制框架，是电力从业者应该知晓的基本性常识。电力安全生产工作相关规定主要有《电力安全工作规程》《安全生产工作规定》《电力生产事故调查暂行规定》《农电安全工作管理办法》等。

一、安全目标与事故等级

1. 安全目标

企业安全生产目标的实现是通过每一位员工努力的结果，无论是谁引发了事故，企业的安全生产目标都不能实现。所以，企业的安全生产目标，就是每一位员工安全生产工作努力的方向，必须熟知。

（1）电力系统安全生产的总体目标。电力系统安全生产的总体目标是防止发生对社会造成重大影响、对资产造成重大损失的六种事故，包括：人身死亡；大面积停电；大电网瓦解；电厂垮坝；主设备严重损坏；重大火灾。同时，根据电力行业内部各企业（部门）的不同特点，按有关规定将电力行业各企业（部门）的安全目标进行了详细的分类，将安全目标根据企业（部门）的级别和特点进一步做细化要求。这对不同类型和级别的企业单位（部门）来说，有利于其根据自身特点和级别来执行安全规定。

（2）电网分公司、区域电网公司、集团公司、省电力公司的安全生产目标。

1）不发生人身死亡事故；

2）不发生特大电网、设备事故；

3）不发生有人员责任的重大电网、设备事故；

4）不发生特别重大火灾事故；

5）不发生重大施工机械设备损坏事故。

（3）水电施工企业安全生产目标。

1）不发生重大死亡事故；

2）不发生重大施工机械设备严重损坏事故；

3）不发生重大质量事故。

（4）输变电、供电、发电、集中检修和施工企业安全生产目标。

1）不发生人身死亡事故；

2）不发生重大电网事故；

3）不发生重大设备事故；

4）满足百日安全个数。

（5）网省公司调度部门安全生产目标。

1）不发生人身轻伤及以上事故；

2）不发生一类障碍及以上事故。

（6）农电系统安全生产目标。

农电系统也是电力行业的组成部分，由于其针对农村用户和农村地域的特殊性，决定了农电系统的安全目标与城镇供电企业的不同，电力安全工作相关规定对农电系统的安全生产目标要求有以下内容：

1）农电安全工作的总体目标。农电安全工作的总体目标是防止发生对社会造成重大影响，对电力企业生产经营造成重大损失的4种事故：①人身重伤和死亡；②大面积停电；③主设备严重损坏；④重大火灾。

2）县公司的安全目标。对县公司的安全目标要求为：①杜绝发生人身死亡事故；②杜绝发生有本企业人员责任的重、特大设备事故以及重、特大火灾和交通事故；③控制重伤事故，不发生人身死亡、重大设备损坏和电网事故。

3）县公司的车间（含工区、工地）、班组安全目标。对县公司的车间（含工区、工地）、班组安全目标要求为：①车间控制障碍和人身轻伤，不发生人身重伤和设备事故；②班组控制异常和未遂，不发生障碍和轻伤。

4）乡镇供电所安全目标。对乡镇供电所的安全目标要求为：①不发生中低压电力设备事故和电力设施失窃事故；②不发生农村触电死亡事故。

2. 事故等级

《电力生产事故调查暂行规定》给出了电力事故定义，并根据行业特点划分出了具体的级别，并对其报告与调查做了相应规定。

《生产安全事故报告和调查处理条例》中根据生产安全事故（以下简称事故）造成的人员伤亡或者直接经济损失，对事故进行了等级划分，一般分为以下等级：

（1）特别重大事故。特别重大事故是指造成 30 人以上死亡，或者 100 人以上重伤（包括急性工业中毒，下同），或者 1 亿元以上直接经济损失的事故。

（2）重大事故。重大事故是指造成 10 人以上 30 人以下死亡，或者 50 人以上 100 人以下重伤，或者 5 000 万元以上 1 亿元以下直接经济损失的事故。

（3）较大事故。较大事故是指造成 3 人以上 10 人以下死亡，或者 10 人以上 50 人以下重伤，或者 1 000 万元以上 5 000 万元以下直接经济损失的事故。

（4）一般事故。一般事故是指造成 3 人以下死亡，或者 10 人以下重伤，或者 1 000 万元以下直接经济损失的事故。

根据《电力生产事故调查暂行规定》，对电力生产事故分类如下：

（1）电力生产人身事故。

1）电力生产人身事故定义。电力企业发生有下列情形之一的人身伤亡，为电力生产人身事故：① 员工从事与电力生产有关的工作过程中，发生人身伤亡（含生产性急性中毒造成的人身伤亡，下同）的；②员工从事与电力生产有关的工作过程中，发生本企业负有同等以上责任的交通事故，造成人身伤亡的；③在电力生产区域内，外单位人员从事与电力生产有关的工作过程中，发生本企业负有责任的人身伤亡的。

2）电力生产人身事故等级。电力生产人身事故的等级划分和标准，执行国家有关规定。具体可参照《生产安全事故报告和调查处理条例》中对事故进行的等级划分。

（2）电网事故。

1）特大电网事故；

2）重大电网事故；

3）一般电网事故。

（3）设备事故。

1）电力生产设备事故定义。电力企业发生设备、设施、施工机械、运输工具损坏，造成直接经济损失超过规定数额的，为电力生产设备事故。

2）设备事故等级。电力生产设备事故的等级划分和标准，执行《安全生产规定》和国家有关规定。

根据电力行业实际，划分具有电力行业特点的事故级别，为安全管理、事故调查、惩处责任人和吸取教训等提供了依据。

《生产安全事故报告和调查处理条例》中规定：事故发生后，事故现场有关人员应当立即向本单位负责人报告。情况紧急时，事故现场有关人员可以直接向事故发生地县级以上人民政府安全生产监督管理部门和负有安全生产监督管理职责的有关部门报告。事故发生后，有关单位和人员应当妥善保护事故现场以及相关证据，任何单位和个人不得破坏事故现场、毁灭相关证据。同时，发生事故后，上级有关部门要对事故进行调查，与事故相关的从业人员必须接受并配合调查。上级有关部门对事故调查的主要原则为实事求是、尊重科学，做到事故原因未查清不放过，责任人员未处理不放过，整改措施未落实不放过，有关人员未受到教育不放过。

二、电力安全生产工作体制简述

电力企业员工要熟悉电力系统的安全工作体制，这是企业内部安全生产工作的基本常识。熟悉了企业的安全生产工作体制，员工才能在安全工作体制中找好自己的位置，发挥好自己的作用。

1. 责任制

电力系统各级行政正职是安全第一责任人，对本企业的安全生产工作和安全生产目标负全面责任；各级行政副职是分管工作范围内的安全第一责任人，对分管工作范围内的安全生产工作负领导责任，向行政正职负责；总工程师对本企业的安全技术管理工作负领导责任，向行政正职负责；各部门、各岗位应有明确的安全职责，做到责任分担，并实行下级对上级的安全生产逐级负责制；系统内母公司对子公司实行安全生产责任追究制度，包括对经营者进行责任追究。

同时，要求输变电、供电、发电、集中检修和施工企业，实行安全生产目标三级控制：一是企业控制重伤和事故；二是车间（含工区、工地，下同）控制轻伤和障碍；三是班组控制未遂和异常。

2. 安全监督

电力系统实行内部安全监督制度，母公司对子公司、上级对下级进行安全监督。母公司的分公司在授权范围内对子公司行使安全监督职能。安全监督机构行使安全监督职能。

各级安全监督机构业务上受上级安全监督机构的领导，机构的资质及人员的资格接受上级安全监督机构的审查。企业安全监督人员、车间安全员、班组安全员组成三级安全网。

负有安全生产监督管理职责的部门依法对生产经营单位执行有关安全生产法律、法规和国家标准或者行业标准的情况进行监督检查，行使以下职权：进入生产经营单位进行检查，调阅有关资料，向有关单位和人员了解情况；对检查中发现的安全生产违法行为，当场予以纠正或者要求限期改正；对检查中发现的事故隐患，应当责令立即排除。生产经营单位和员工对负有安全生产监督管理职责的部门的监督检查人员依法履行检查职责，应当予以配合，不得拒绝，不得阻挠。

电网分公司、区域电网公司、集团公司、省电力公司、水电施工企业安全监督机构由公司行政正职或行政正职委托的行政副职主管；输变电、供电、发电和施工企业应由行政正职主管。

3. 规程制度

电力公司系统各有关企业都制定有现场规程、制度，电网分公司、区域电网公司、集团公司、省电力公司应定期公布现行有效的规程制度清单；输变电、供电、发电企业每年公布一次本单位现行有效的现场规程制度清单，并按清单配齐各岗位有关的规程制度。

输变电、发电、供电企业及在输变电、发电、供电企业内工作的其他组织、个人必须按规定严格执行两票（工作票、操作票）三制（交接班制、巡回检查制、设备定期试验轮换制）和设备缺陷管理等制度；施工作业必须严格执行安全施工作业票和安全交底制度。

4. 反事故措施计划与安全技术劳动保护措施计划

安全技术劳动保护措施计划、安全技术措施计划应根据国家、行业、国家电网公司颁发的标准，从改善作业环境和劳动条件、防止伤亡事故、预防职业病、加强安全监督等方面进行编制；项目安全施工措施应根据施工项目的具体情况，从作业方法、施工机具、工业卫生、作业环境等方面进行编制。防汛、抗震、防台风等应急预案所需项目，可作为制订和修订反事故措施计划的依据。

电网分公司、区域电网公司、集团公司、省电力公司及输变电、供电、发电企业主管领导和车间负责人应定期检查反事故措施计划、安全技术劳动保护措施计划的实施情况，并保证反事故措施计划、安全技术劳动保护措施计划的落实。

从业人员应积极学习和严格遵守反事故措施计划和安全技术劳动保护措施计划。

5. 教育培训

新入厂（局、公司）的生产人员（含实习、代培人员），必须经厂（局、公司）、车间和班组三级安全教育，经《电力安全工作规程》考试合格后方可进入生产现场工作。

（1）新上岗生产人员的培训。新上岗生产人员必须经过下列培训，并经考试合格后上岗：

1）运行、调度人员（含技术人员），必须经过现场规程制度的学习、现场见习和跟班实习，200 MW 及以上机组和 220 kV 变电所的主要岗位运行人员，还应经仿真机培训；

2）检修、试验人员（含技术人员），必须经过检修、试验规程的学习和跟班实习；

3）特种作业人员，必须经过国家规定的专业培训，持证上岗。

（2）在岗生产人员的培训电力企业对员工的安全生产培训是长期性的，其形式有每周一次的班组安全活动、安全月和安全年活动，还有夏季和冬季培训等周期形式的培训活动，还有现场培训教育活动、突发事故现场分析教育会、事故图片和声像学习课等不定期形式的培训活动。无论什么样的形式，目的只有一个，就是让员工时刻不忘安全，时时能够有较高的安全意识和事故防范能力。对于在岗人员的培训，一般有如下要求：

1）在岗生产人员应定期进行有针对性的现场考问、反事故演习、技术问答、事故预想等现场培训活动；

2）离开运行岗位3个月及以上的值班人员，必须经过熟悉设备系统、熟悉运行方式的跟班实习，并经《电力安全工作规程》考试合格后，方可再上岗工作；

3）生产人员调换岗位、所操作设备或技术条件发生变化，必须进行适应新岗位、新操作方法的安全技术教育和实际操作训练，经考试合格后，方可上岗；

4）200 MW及以上机组主要岗位运行人员、地区（市）及以上供电企业调度部门的调度人员和220 kV及以上变电站的值班人员，应定期进行仿真系统的培训；

5）所有生产人员必须熟练掌握触电现场急救方法；

6）所有职工必须掌握消防器材的使用方法。

（3）有关考试的相关规定。

1）生产性企业对车间的运行、检修、试验人员以及特种作业人员，每年进行安全生产规章制度的考试；电网分公司、区域电网公司、集团公司、省电力公司及所属生产性企业应根据情况对一线人员的安全考试进行抽考，如抽考成绩与定期考试成绩差距较大时，应重新进行考试，并通报批评。

2）生产性企业每年应对工作票签发人、工作负责人、工作许可人进行培训，经考试合格后，书面公布有资格担任工作票签发人、工作负责人、工作许可人的人员名单。

3）生产性企业应将安全生产规程制度的考试成绩记入个人教育

培训档案，考试不及格的应限期补考，合格后方可上岗。

4）对违反规章制度造成事故、一类障碍和严重未遂事故的责任者，除按有关规定处理外，还应责成其学习有关规程制度，并经考试合格后，方可上岗。

电力企业员工在接受三级安全教育培训之后，还要在以后的工作过程中，接受企业不同角度、方式的安全培训和教育。同时，也要主动积极参与到企业的安全宣传、教育和培训的活动过程中来，自我教育，自我提高。

6. 例行工作

例行安全工作不是形式，而是安全生产的日常工作，是安全生产管理、教育和培训，以及安全思想政治工作的细化程序。具体有以下几种形式：

（1）班前会和班后会。

1）班前会。接班（开工）前，结合当班运行方式和工作任务，做好危险点分析，布置安全措施，交代注意事项。

2）班后会。总结讲评当班工作和安全情况，表扬好人好事，批评忽视安全、违章作业等不良现象，并做好记录。

（2）安全日活动。班（组）每周或每个轮值进行一次安全日活动，活动内容应联系实际，有针对性，并做好记录。车间领导应参加并检查活动情况。

（3）安全分析会。电网分公司、区域电网公司、集团公司、省电力公司每季进行一次安全分析会；输变电、供电、发电及施工企业每月进行一次安全分析会，综合分析安全生产趋势，及时总结事故教训及安全生产管理上存在的薄弱环节，研究采取预防事故的对策。会议由安全第一责任人主持，有关部门负责人参加。

（4）安全监督及安全网例会。电网分公司、区域电网公司、集团公司、省电力公司每半年召开一次安全监督例会，公司安监部门负责人主持，输变电、供电、发电及施工企业安监负责人参加；输变电、供电、发电及施工企业每月召开一次安全网例会，由企业安监部门负责人主持，安全网成员参加。

（5）安全检查。输变电、供电、发电及施工企业应根据情况进行定期和不定期安全检查。春季或秋季安全检查应结合季节特点和事故规律每年至少进行一次。

安全检查前应编制检查提纲或“安全检查表”，经主管领导审批后执行。检查内容以查领导、查思想、查管理、查规程制度、查隐患为主，对查出的问题要制订整改计划并监督落实。

安全检查应逐步结合安全性评价进行。

（6）安全性评价。企业应结合生产管理范围和安全工作需要组织开展各种层次的安全性评价。安全性评价工作应实行闭环动态管理。企业应结合安全生产实际和安全性评价内容，以 2～3 年为一周期，按照“评价、分析、评估、整改”的过程循环推进，即按照评价标准开展自我评价或专家评价，对评价过程中发现的问题进行原因分析，根据危害程度对存在的问题进行评估和分类，按照评估结论对存在的问题制定并落实整改措施。

（7）安全简报。系统各有关单位应定期或不定期编写安全简报、通报、快报，综合安全情况，分析事故规律，吸取事故教训。

7. 电力生产安全事故的应急处理

各企业的电力生产安全事故应急处理指挥部接受地方人民政府及上一级应急处理指挥部的领导。

电力生产安全事故应急处理预案的制定应遵守“统一领导、分工协作、反应及时、措施果断、依靠科学”的原则。

遇有重大人员伤亡、电网大面积停电、电力设备大范围受损、重要变电站、发电厂全停、重要用户停电、水电厂大坝垮塌和对电网安全稳定有严重危害或对社会有严重影响的设备事故或停电事故时，应制定和启动应急处理预案。

发生应启动电力生产安全应急处理预案的事故后，事故现场有关人员应当立即报告本单位负责人。

单位负责人接到事故报告后，应当迅速采取有效措施，组织抢救，防止事故扩大，减少人员伤亡和财产损失，并按照国家有关规定和公司系统有关规程规定如实报告，不得隐瞒不报、谎报或者拖延不报，不得故意破坏事故现场、毁灭有关证据。

第三节　从业人员安全生产的基本权利与义务

从业人员必须接受安全培训教育，遵守安全法规和制度，这是保护从业人员本人，同时也是保护企业乃至社会安全的要求。为此，《安全生产法》对从业人员安全生产的权利和义务做了规定，并要求从业人员在享受安全生产权利的同时，必须履行相应的安全生产义务，承担相应的责任。

一、安全生产的基本权利

1. 要求获得劳动安全、卫生保护的权利

《中华人民共和国劳动法》（以下简称《劳动法》）第 3 条规定：劳动者享有“获得劳动安全卫生保护的权利”。应当指出，劳动者享有的安全、卫生权利必须在劳动合同中体现出来。劳动合同是劳动者与用人单位确立劳动关系、明确双方权利和义务的协议，是双方建立劳动关系、确定劳动关系内容的凭证和依据。从劳动者的角度来看，也可以说是保障其合法权益的“护身符”。从业人员为了保障自己的合法权益，在与用人单位建立劳动关系的时候应当签订劳动合同。为此，《劳动法》规定：“建立劳动关系应当订立劳动合同”“劳动合同应当以书面形式订立，并具备以下条款：……（三）劳动保护和劳动条件；……”。显然，“劳动保护和劳动条件”是劳动合同的必要内容。

《中华人民共和国安全生产法》（以下简称《安全生产法》）和《中华人民共和国职业病防治法》（以下简称《职业病防治法》）从保护职工的职业安全健康、维护职工安全健康合法权益的角度，具体规定了劳动合同中一定要载明保障职工劳动安全、卫生和办理工伤保险两项法定事项。《职业病防治法》第30条规定：“用人单位与劳动者订立劳动合同时，应当将工作过程中可能产生的职业病危害及其后果、职业病防护措施和待遇等如实告知劳动者，并在劳动合同中写明，不得隐瞒或者欺骗。劳动者在已订立劳动合同期间因工作岗位或者工作内容变更，从事与所订立劳动合同中未告知的存在职业病危害的作业时，用人单位应当依照前款规定，向劳动者履行如实告知的义务，并协商变更原劳动合同相关条款。”

2. 享受工伤保险和伤亡求偿权

《安全生产法》第四十四条规定：生产经营单位与从业人员订立的劳动合同，应当载明有关保障从业人员劳动安全、防止职业危害的事项，以及依法为从业人员办理工伤社会保险的事项。生产经营单位不得以任何形式与从业人员订立协议，免除或者减轻其对从业人员因生产安全事故伤亡依法应当承担的责任。

第四十八条规定：因生产安全事故受到损害的人员，除依法享有获得工伤社会保险外，依照有关民事法律尚有获得赔偿的权利的，有权向本单位提出赔偿要求。

第四十三条规定：生产经营单位必须依法参加工伤社会保险，为从业人员缴纳保险费。

此外，法律还对生产经营单位与从业人员订立协议，免除或者减轻其对从业人员因生产安全事故伤亡依法应承担的责任的，规定该协议无效，并对生产经营单位主要负责人、个体经营的投资人处以两万元以上二十万元以下的罚款。

《安全生产法》的有关规定，明确了以下四个问题：

（1）从业人员依法享有工伤保险和伤亡求偿的权利。法律规定这项权利必须以劳动合同必要条款的书面形式加以确认。

（2）依法为从业人员缴纳工伤社会保险费和给予民事赔偿，是生产经营单位的法律义务。

（3）发生生产安全事故后，从业人员首先依照劳动合同和工伤社会保险合同的约定，享有相应的赔付金。

（4）从业人员获得工伤社会保险赔付和民事赔偿的金额标准、领取和支付程序，必须符合法律、法规和国家的有关规定。

3. 危险因素和应急措施的知情权

在生产过程中尤其是一些高危行业或工种的生产过程中往往存在着一些对从业人员的生命、健康带有危险、危害的因素。直接接触这些危险因素的从业人员往往是生产安全事故的直接受害者。许多生产安全事故从业人员伤亡严重的教训之一，就是从业人员没有享受到获知危险因素以及发生事故时应当采取的应急措施的权利。如果从业人员知道并且掌握有关安全知识和处理办法，就可以消除许多不安全因素和事故隐患，避免事故发生或者减少人身伤亡。所以，《安全生产法》规定，生产经营单位从业人员有权了解其作业场所和工作岗位存在的危险因素及事故应急措施。

4. 安全管理的批评检控权

从业人员是企业的主人，对安全生产情况尤其是安全管理中的问题和事故隐患最了解、最熟悉，具有他人不能替代的作用。《安全生产法》规定从业人员有权对本单位的安全生产工作提出建议；有权对本单位安全生产工作中存在的问题提出批评、检举、控告。

5. 拒绝违章指挥和强令冒险作业权

在一些生产过程中经常出现企业负责人或者管理人员违章指挥和强令从业人员冒险作业的现象，由此导致事故，造成人员大量伤亡。因此，法律赋予从业人员有拒绝违章指挥和强令冒险作业的权利，这不仅是为了保护从业人员的人身安全，也是为了警示企业负责人和管理人员必须照章指挥，保证安全，并不得因从业人员拒绝违章指挥和强令冒险作业而对其进行打击报复。

《安全生产法》第四十六条规定：生产经营单位不得因从业人员对本单位安全生产工作提出批评、检举、控告或者拒绝违章指挥、强令冒险作业而降低其工资、福利等待遇或者解除与其订立的劳动合同。

6. 紧急情况下的停止作业和紧急撤离权

由于在生产过程中一些自然和人为的危险因素的存在不可避免，会发生一些意外的或者人为的直接危及从业人员人身安全的危险情况，将会或者可能会对从业人员造成人身伤害。一旦发现紧急情况，并且无法避免时，最大限度地保护现场作业人员的生命安全是第一位的，法律赋予从业人员享有停止作业和紧急撤离的权利。

《安全生产法》第四十七条规定：从业人员发现直接危及人身安全的紧急情况时，有权停止作业或者在采取可能的应急措施后撤离作业场所。生产经营单位不得因从业人员在前款紧急情况下停止作业或者采取紧急撤离措施而降低其工资、福利等遭遇或者解除与其订立的劳动合同。

从业人员在行使这项权利的时候，必须明确四点：

（1）危及从业人员人身安全的紧急情况必须有确实可靠的直接根据，凭借个人猜测或者误判而实际并不属于危及人身安全的紧急情况除外，该项权利也不能滥用。

（2）紧急情况必须直接危及人身安全，间接或者可能危及人身安全的情况不应撤离，而应采取有效处理措施。

（3）出现危及人身安全的紧急情况时，首先是停止作业，然后要采取可能的应急措施；采取应急措施无效时，再撤离作业场所。

（4）该项权利不适用于某些从事特殊职业的从业人员，比如车辆驾驶人员等。

二、安全生产的基本义务

作为法律关系内容的权利与义务是对等的，从业人员依法享有权利，同时必须承担相应的法律义务和法律责任。

1. 遵章守规，服从管理的义务

规章制度是保证生产经营单位安全生产的重要措施。“条条规章制度都是用鲜血写成的”，也就是说，这些规章制度，都是总结了多种事故的教训写出来的。因此，为了避免事故，从业人员必须严格遵守规章制度，切不可大意，更不能漠视。

《安全生产法》第四十九条规定：从业人员在从业过程中，应当严格遵守本单位的安全生产规章制度和操作规程，服从管理。

根据《安全生产法》和其他有关法律、法规和规章的规定，生产经营单位必须制定本单位安全生产的规章制度和操作规程。从业人员必须严格依照这些规章制度和操作规程进行生产经营作业。单位的负责人和管理人员有权依照规章制度和操作规程进行安全管理，监督检查从业人员遵章守规的情况。依照法律规定，生产经营单位的从业人员不服从管理，违反安全生产规章制度和操作规程的，由生产经营单位给予批评教育，依照有关规章制度给予处分；造成重大事故，构成犯罪的，依照刑法有关规定追究刑事责任。

2. 佩戴和使用劳保用品的义务

按照法律、法规的规定，为保障人身安全，单位必须为从业人员提供必要的、安全的劳动防护用品，以避免或者减轻作业和事故中的人身伤害。但实践中由于一些从业人员缺乏安全知识，认为佩戴和使用劳动防护用品没有必要，往往不按规定佩戴或者不能正确佩戴和使用劳动防护用品，由此引发的人身伤害时有发生，造成不必要的伤亡。另外有的从业人员虽然佩戴和使用劳动防护用品，但由于不会或者没有正确使用而发生人身伤害的案例也很多。例如：有的将安全帽左右歪戴着，有的人戴安全帽不系好帽带，结果使安全帽失去了保护作用。又如有的将工作服紧袖口改成平袖口，工作裤脚纽扣拆掉等，这些都是发生事故的原因。可见，正确佩戴和使用劳动防护用品是从业人员必须履行的法定义务，这是保障从业人员人身安全和生产经营单位安全生产的需要。从业人员不履行该项义务而造成人身伤害的，单位不承担法律责任。

正确穿戴劳动防护用品，最基本的要求要做到：

（1）正确戴好安全帽、工作帽。

（2）无论是男、女职工所留的前刘海与长发都要放进工作帽内。

（3）穿工作服必须符合“四紧”要求，即：襟紧、袖口裤管紧、袋口紧、领口紧。更不要穿裙子进入工作场所。

（4）口袋里不要盛放有棱角的物件。

（5）要穿合适的工作鞋，不能穿拖鞋或高跟鞋进车间。

（6）登高作业必须系好安全带。

（7）水上作业必须穿好救生衣。

3. 接受培训，掌握安全生产技能的义务

不同企业、不同工作岗位和不同的生产设施、设备具有不同的安全技术特性和要求。随着高新安全技术装备的大量使用，企业对从业人员的安全素质要求越来越高。从业人员的安全生产意识和安全技能的高低，直接关系到生产活动的安全可靠性。尤其是从事特种作业的人员，他们的作业对操作者本人、他人和周围设备的安全存有重大危害因素，如起重机司机、电工、焊工、厂内机动车辆驾驶人员等，必须要经过特种作业人员安全技术培训，考试合格后取证上岗。

因此，为了明确从业人员接受培训、提高安全素质的法定义务，《安全生产法》第五十条规定：从业人员应当接受安全生产教育和培训，掌握本职工作所需的安全生产知识，提高安全生产技能，增强事故预防和应急处理能力。

要真正掌握生产技能，做好安全生产，新上岗的从业人员应做到以下几点：

（1）以虚心的态度认真学习。进入生产岗位后，对工作岗位和工作环境都会感到新鲜，一定要认真学习和掌握正确的生产知识和安全操作技能，切莫乱摸乱动，要在老师傅的带教下进行工作。

（2）不懂的地方，一定要问清楚，直到弄懂为止。学问学问不懂就要问。知识是来不得半点虚假的，一定要谦虚诚实，有些难以理解和重要的地方，要请老师反复讲解，千万不能自以为是，更不能不懂装懂，冒险蛮干。要多问多记，尽快熟悉自己所从事的工作，掌握安全操作要领。

（3）循序渐进，要努力掌握学到的知识。开始时，不要一下子就去学习高难度的生产技艺，要先易后难，要有自信心，踏踏实实地逐步掌握。

(4) 要逐步进行实践，在工作中提高技能。认真进行操作学习，并在老师傅的指导下进行实践、检查，发现不恰当的地方认真进行纠正，这样，就可逐步掌握生产技能，也可以使自己学得快，记得牢。

(5) 生产技能要反复进行练习。有些操作技能看起来很简单，好像一看就明白，但真正做起来就不那么容易了，这就要反复练习，真正做到掌握为止。

4. 发现事故隐患及时报告的义务

许多生产安全事故是由于从业人员在作业现场发现事故隐患和不安全因素后，没有及时报告，以致延误了采取措施进行紧急处理的时机，发生重大、特大事故。如果从业人员尽职尽责，及时发现并报告事故隐患和不安全因素，许多事故就能够得到及时报告并得到有效处理，完全可以避免事故发生和降低事故损失。所以，发现事故隐患并及时报告是贯彻预防为主的方针，加强事前防范的重要措施。

《安全生产法》第五十一条规定：从业人员发现事故隐患或者其他不安全因素，应当立即向现场安全生产管理人员或者本单位负责人报告；接到报告的人员应当及时予以处理。

第二章 电力安全工作规程基本知识与技术

第一节　电力安全工作规程基本知识

《电力安全工作规程》是为加强电力生产现场管理，规范各类工作人员的行为，保证人身、电网和设备安全，依据国家有关法律、法规，结合电力生产的实际而制定的。其中，对作业环境、作业条件和技术组织措施等做了详细要求，可以说里面的每一条内容都含有血的教训，从业人员务必要熟知相关部分，并做到严格执行。

一、作业现场的基本条件

作业现场要具备基本的条件后，才能开展工作，这是落实对事故“预防为主”的具体体现。

（1）作业现场的生产条件和安全设施等应符合有关标准、规范的要求，工作人员的劳动防护用品应合格、齐备。

（2）经常有人工作的场所及施工车辆上，应配备急救箱，存放急救用品，并应指定专人经常检查、补充或更换。

（3）现场使用的安全工、器具应合格并符合有关要求。

（4）各类作业人员应被告知其作业现场和工作岗位存在的危险因素、防范措施及事故紧急处理措施。

二、作业人员的基本条件

作业人员必须具备必要的条件之后，才能从事电力行业相关工作。针对行业特点和安全生产工作实际，一般对作业人员的具体要求如下：

（1）经医师鉴定，无妨碍工作的病症（体格检查至少每两年一次）。

（2）具备必要的电气知识和业务技能，且根据工作性质，熟悉《电力安全工作规程》的相关部分，并经考试合格。

（3）具备必要的安全生产知识，学会紧急救护法，特别要学会触电急救。

三、电气设备的分类

只有了解电气设备的分类，才能按照安全规程的要求，有所区分地做好安全防范措施。电气设备的分类可以是品种上的、形态上的、功能上的等，主要的分类有以下两种：

（1）电气设备按电压等级可分为高压和低压两种。高压电气设备：对地电压在 1 000 V 及以上；低压电气设备：对地电压在 1 000 V 以下。

（2）电气设备按运行状况可分为运行中和停电中两种。全部带有电压、一部分带有电压或一经操作即带有电压的电气设备均为运行中的电气设备，反之则为停电中的电气设备。

四、高处作业

凡在离地面（坠落高度基准面）2 m 及以上的地点进行的工作，都应视做高处作业。把 2 m 及以上的作业作为高处作业的定义点，这是根据人体的身高和身体从高处坠落后的伤害程度综合制定出来的，所以，从业人员要注意，2 m 及以上的作业，要严格按照安全规程高处作业的相关规定采取安全措施。

五、设备不停电时的安全距离

设备不停电时，人必须距离设备在安全距离之外，才能确保安全。安全距离见表 2—1。

表 2—1　　设备不停电时的安全距离

电压等级（kV）	10	35	63（66）	110	220	330	500
距离（m）	0.4	0.6	0.7	1.0	1.8（1.6）①	2.6	3.6②

①因受设备限制达不到 1.8 m 时，经厂（局）主管领导（总工程师）批准，并采取必要的措施后，可采用括号内（1.6 m）的数值。

②由于 500 kV 带电作业经验不多，此数据为暂定数据。

六、倒闸操作

倒闸操作是指将电气设备从一种状态转到另一种状态的作业。倒闸操作应根据值班调度员或运行值班负责人的指令，受令人复诵无误后执行。发布指令应准确、清晰，使用规范的调度术语和设备双重名称，即设备名称和编号。发令人和受令人应先互报单位和姓名，发布指令的全过程（包括对方复诵指令）和听取指令的报告时，双方都要录音并做好记录。操作人员（包括监护人）应了解操作目的和操作顺序。对指令有疑问时应向发令人询问清楚无误后执行。

倒闸操作可以通过就地操作、遥控操作、程序操作完成。遥控操作、程序操作的设备应满足有关技术条件。

倒闸操作可分为监护操作、单人操作、检修人员操作。

七、操作票

操作票是操作人员进行操作而使用的程序执行票。操作票又叫倒闸操作票，就是将电气设备从一种状态转到另一种状态的过程顺序，写成操作票，操作设备时的整个过程要严格按照操作票的顺序执行。

倒闸操作由操作人员填写操作票。操作票应用钢笔或圆珠笔逐项填写。用计算机开出的操作票应与手写格式一致；操作票票面应清楚整洁，不得任意涂改。操作人和监护人应根据模拟图或接线图核对所填写的操作项目，并分别签名，然后经运行值班负责人（检修人员操作时由工作负责人）审核签名。操作票应填写设备的双重名称；每张操作票只能填写一项操作任务。

八、工作票

工作票是执行工作任务时使用的，按照安全规程的要求填写、批准和签发，填有工作任务、工作程序、工作地点、人员组成和相关安全措施等内容的工作任务执行票。

工作票应使用钢笔或圆珠笔填写与签发，一式两份，内容应正确、清楚，不得任意涂改。如有个别错、漏字需要修改，应使用规范的符号，字迹应清楚。

用计算机生成或打印的工作票应使用统一的票面格式，由工作票签发人审核无误，手工或电子签名后方可执行。

在电气设备上工作，一张工作票中，工作票签发人、工作负责人和工作许可人三者不得互相兼任。在电力线路上工作，一张工作票中，工作票签发人和工作许可人不得兼任工作负责人。工作负责人可以填写工作票。

事故紧急抢修设备时，可以不填写工作票，但安全技术组织措施应满足安全工作要求，并有监护人。

九、工作班成员的安全责任

(1) 明确工作内容、工作流程、安全措施、工作中的危险点，并履行确认手续。

(2) 严格遵守安全规章制度、技术规程和劳动纪律，正确使用安全工器具和劳动防护用品。

(3) 相互关心工作安全，并监督《电力安全工作规程》的执行和现场安全措施的实施。

十、安全工作的技术措施

电力安全是根据电力系统的安全防护特点，在电力防护技术方面所采取的安全措施。

(1) 在电气设备上安全工作的技术措施有：停电、验电、装设接地线、悬挂标示牌和装设遮栏（围栏）。

(2) 在电力线路上安全工作的技术措施有：停电、验电、装设接地线、使用个人保安线、悬挂标示牌和装设遮栏（围栏）。

十一、安全工作的组织措施

电力安全组织措施是根据电力系统的安全防护特点，在人员管理、协调和组织方面所采取的安全措施。

(1) 在电气设备上安全工作的组织措施有：工作票制度、工作许可制度、工作监护制度、工作间断、转移和终结制度。

(2) 在电力线路上安全工作的组织措施有：现场勘察制度、工作票制度、工作许可制度、工作监护制度、工作间断制度、工作结束和恢复送电制度。

十二、一般安全措施

一般安全措施是指电力系统各专业必须遵守的共用性安全措施，主要有以下几个方面：

（1）任何人进入生产现场（办公室、控制室、值班室和检修班组室除外），应戴安全帽。

（2）变、配电站及发电厂遇有电气设备着火时，应立即将有关设备的电源切断，然后救火。

（3）电气工具和用具应由专人保管，定期检查。使用时，应按有关规定接入漏电保护装置、接地线。使用前应检查电线是否完好，有无接地线，不合格的不准使用。

（4）高处作业应使用工具袋，较大的工具应固定在牢固的构件上，不准随便乱放，上下传递物件应用绳索拴牢传递，严禁上下抛掷。

（5）在未做好安全措施的情况下，不准登在不坚固的结构上（如彩钢板屋顶）工作。

（6）梯子应坚固完整，梯子的支柱应能承受作业人员及所携带的工具、材料攀登时的总质量，硬质梯子的横木应嵌在支柱上，梯阶的距离不应大于 40 cm，并在距梯顶 1 m 处设限高标志。梯子不宜绑接使用。

（7）在户外变电站和高压室内搬动梯子、管子等长物时，应由两人将其放倒搬运，并与带电部分保持足够的安全距离。

（8）在变、配电站（开关站）的带电区域内或邻近带电线路处，禁止使用金属梯子。

（9）在带电设备周围严禁使用钢卷尺、皮卷尺和线尺（夹有金属丝）进行测量工作。

（10）杆塔上作业应在良好天气下进行，在工作中遇有 6 级以上大风或雷、暴雨、冰雹、大雾、沙尘暴等恶劣天气时，应停止工作。特殊情况下，确需在恶劣天气进行抢修时，应组织人员充分讨论必要的安全措施，经本单位主管生产的领导（总工程师）批准后方可进行。

十三、紧急救护培训内容

现场工作人员应经过紧急救护法培训，要学会以下内容：

（1）会正确解脱电源；

（2）会心肺复苏法；

（3）会止血、包扎、转移搬运伤员；

（4）会处理急救外伤或中毒等。

第二节　电气线路作业安全技术

一、电气线路安全作业措施

1. 保证线路工作安全的组织措施

（1）工作票制度。

1）在电力线路上工作应按下列方式进行：

a. 填用第一种工作票；

b. 填用第二种工作票；

c. 口头或电话命令。

2）填用第一种工作票的工作包括：

a. 在停电线路（或在双回线路的一回停电线路）上的工作；

b. 在全部或部分停电的配电变压器台架上或配电变压器室内的

工作。所谓全部停电，是指供给该配电变压器台架或配电变压器室内的所有电源线路均已全部断开。

3）填用第二种工作票的工作包括：

a. 带电作业；

b. 带电线路杆塔上的工作；

c. 在运行中的配电变压器台上或配电变压器室内的工作。

4）测量接地电阻，涂写杆塔号，悬挂警告牌，修剪树枝，检查杆根地锚、打绑桩，杆塔基础上的工作，低压带电工作和单一电源低压分支线的停电工作等，按口头或电话命令执行。

5）工作票签发人可由线路工区（所）熟悉人员技术水平、熟悉设备情况、熟悉 DL 409—1991《线路安全作业规程》的主管生产领导人、技术人员或经供电局主管生产领导批准的人员来担任。工作票签发人不得兼任该项工作的工作负责人。

6）工作票所列人员的安全责任。

a. 工作票签发人：明确工作必要性；工作是否安全；工作票上所填安全措施是否正确完备；所派工作负责人和工作班组人员是否适当和充足。

b. 工作负责人（监护人）：正确安全地组织工作；结合实际进行安全思想教育；工作前对工作班组成员交代安全措施和技术措施；严格执行工作票所列安全措施，必要时还应加以补充；督促、监护工作人员遵守 DL 409—1991 规程；确认工作班组人员变动是否合适。

c. 工作许可人（值班调度员、工区值班员或变电所值班员）：审查工作必要性；线路停、送电和许可工作的命令是否正确；发电厂或变电所线路的接地线等安全措施是否正确完备。

d. 工作班组成员：认真执行 DL 409—1991 和现场安全措施，

互相关心施工安全，并监督 DL 409—1991 和现场安全措施的实施。

7）工作票应用钢笔或圆珠笔填写，一式两份，应正确清楚，不得任意涂改。如有个别错、漏字要修改时，应字迹清楚。工作票一份交工作负责人，一份留存签发人或工作许可人处。

8）一名工作负责人只能发给一张工作票。第一种工作票每张只能用于一条线路或同杆架设且停送电时间相同的几条线路。第二种工作票对同一电压等级、同类型工作，可在数条线路上共用一张。

在工作期间，工作票应始终保留在工作负责人手中，工作终结后交签发人保存三个月。

9）第一、第二种工作票的有效时间，以批准的检修期为准。

10）事故紧急处理不填工作票，但应履行许可手续，做好安全措施。

（2）工作许可制度。

1）填用第一种工作票进行工作，工作负责人必须在得到值班调度员或工区值班员的许可后，方可开始工作。

2）线路停电检修，值班调度员必须在发电厂、变电所将线路可能受电的各方面都拉闸停电，并挂好接地线后，将工作班、组数目，工作负责人的姓名，工作地点和工作任务记入记录簿内，才能发出许可工作的命令。

3）许可开始工作的命令，必须通知到工作负责人，其方法可采用：

a. 当面通知；

b. 电话传达；

c. 派人传达。

4）对于许可开始工作的命令，在值班调度员或工区值班员不能与工作负责人用电话直接联系时，可经中间变电所用电话传达。中间变电所值班员应将命令全文记入操作记录簿，并向工作负责人直接传达。电话传达时，上述三方必须认真记录、清楚明确，并复诵核对无误。

5）严禁多时停、送电。

6）填用第二种工作票的工作，不需要履行工作许可手续。

（3）工作监护制度。

1）完成工作许可手续后，工作负责人（监护人）应向工作班组人员交代现场安全措施、带电部位和其他注意事项。工作负责人（监护人）必须始终在工作现场，对工作班组人员的安全应认真监护，及时纠正不安全的动作。

分组工作时，每个小组应指定小组负责人（监护人）。在线路停电时进行工作，工作负责人（监护人）在班组成员确无触电危险的条件下，可以参加工作班组工作。

2）工作票签发人和工作负责人应对有触电危险、施工复杂容易发生事故的工作，增设专人监护。专责监护人不得兼任其他工作。

3）如工作负责人必须离开工作现场时，应临时指定负责人，并设法通知全体工作人员及工作许可人。

（4）工作间断制度。

1）在工作中遇雷、雨、大风或其他任何情况威胁到工作人员的安全时，工作负责人或监护人可根据情况，临时停止工作。

2）白天工作间断时，工作地点的全部接地线仍保留不动。如果工作班组需暂时离开工作地点，则必须采取安全措施和派人看守，不让人、畜接近挖好的基坑或接近未竖立稳固的杆塔以及负载的起重和牵引机械装置等。恢复工作前，应检查接地线等各项安全措施的完整性。

3）填用数日内工作有效的第一种工作票，每日收工时如果要将工作地点所装的接地线拆除，次日重新验电装接地线恢复工作，均需得到工作许可人许可后方可进行。

如果经调度允许的连续停电、夜间不送电的线路，工作地点的接地线可以不拆除，但次日恢复工作前应派人检查。

（5）工作终结和恢复送电制度。

1）完工后，工作负责人（包括小组负责人）务必检查线路检修地段的状况以及在杆塔上、导线上及瓷瓶上有无遗留的工具、材料等，通知并查明全部工作人员确由杆塔上撤下后，再命令拆除接地线。接地线拆除后，应即认为线路带电，不准任何人再登杆进行任何工作。

2）工作终结后，工作负责人应报告工作许可人，报告方法如下：

a. 从工作地点回来后，亲自报告。

b. 用电话报告并经复诵无误。电话报告又可分为直接电话报告或经中间变电所转达两种。经中间变电所转达报告，应按照序号（2）中第4）条规定的手续办理。

3）工作终结的报告应简明扼要，包括下列内容：工作负责人姓名；某线路上某处（说明起止杆塔号、分支线名称等）；工作已经完工；设备改动情况；工作地点所挂的接地线已全部拆除；线路上已无本班组工作人员，可以送电。

4）工作许可人在接到所有工作负责人（包括用户）的完工报告后，并确知工作已经完毕，所有工作人员已由线路上撤离，接地线已经拆除，并与记录簿核对无误后方可下令拆除发电厂、变电所线路侧的安全措施，向线路恢复送电。

2. 线路安全作业的技术措施

（1）停电。

1）进行线路作业前，应做好下列停电措施：

a. 断开发电厂、变电所（包括用户）线路断路器和隔离开关；

b. 断开需要工作班组操作的线路各端断路器、隔离开关和可熔保险；

c. 断开危及该线路停电作业，且不能采取安全措施的交叉跨越、平行和同杆线路的断路器和隔离开关；

d. 断开有可能返回低压电源的断路器和隔离开关。

2）应检查断开后的断路器、隔离开关是否在断开位置；断路器、隔离开关的操作机构应加锁；跌落熔断器的熔断管应摘下，并应在断路器或隔离开关操作机构上悬挂“线路有人工作，禁止合闸!”的标示牌。

（2）验电。

1）在停电线路工作地段装接地线前，要先验电，验明线路确无电压。验电要用合格的相应电压等级的专用验电器。

2）线路的验电应逐相进行。检修联络用的断路器或隔离开关时，应在其两侧验电。

对同杆塔架设的多层电力线路进行验电时，先验低压，后验高压，先验下层，后验上层。

（3）挂接地线。

1）线路经过验明确定无电压后，各工作班组应立即在工作地段两端挂接地线。凡有可能送电到停电线路的分支线也要挂接地线。

若有感应电压反映在停电线路上时，应加挂接地线。同时，要注意在拆除接地线时，防止感应电触电。

2）同杆塔架设的多层电力线路挂接地线时，应先挂低压，后挂高压，先挂下层，后挂上层。

3）挂接地线时，应先接接地端，后接导线端。接地线连接要可靠，不准缠绕。拆接地线时的程序与此相反。装、拆接地线时，工作人员应使用绝缘棒或戴绝缘手套，人体不得碰触接地线。

若杆塔无接地引下线时，可采用临时接地棒。接地棒在地面下深度不得小于 0.6 m。

4）接地线应有接地和短路导线构成的成套接地线。成套接地线必须用多股软铜线组成，其截面不得小于 25 mm^2。如利用铁塔接地时，允许每相个别接地，但铁塔与接地线连接部分应清除油漆，保证接触良好。

严禁使用其他导线作接地线和短路线。

二、线路施工作业

1. 砍伐树木工作安全作业要点

存在的安全隐患有：人身感电、高处坠落、砸伤、割伤、马蜂蜇伤等。

（1）砍伐靠近带电线路的树木时，工作负责人必须在工作开始前向全体人员说明电力线路有电，不得攀登杆塔。树木绳索不得接触导线。

（2）树枝接触高压带电导线时，严禁用手直接去取。人和绳索应与导线保持足够的安全距离。

（3）上树砍剪树木时，不应攀抓脆弱和枯死的树枝。

（4）不应攀登已经锯过或砍过的未断树木，不应攀登较细且高的树木。

（5）应使用安全带，安全带要系在砍伐口的下方，防止被割断、砍断。

（6）使用梯子角度要适当，并应有专人扶持或绑牢。

（7）为防止树木（树枝）倒落在导线上，应设法用绳索将树木拉向与导线相反方向，绳索应有足够的长度，以免拉绳人员被倒落的树木砸伤。

（8）砍剪的树木下面和倒落树木范围内应有专人监护，不得有人停留，防止砸伤行人。

（9）上树作业时，手、脚要放在适当的位置，防止被斧、锯划伤。

（10）上树前应检查是否有马蜂窝，如有应采取可靠的安全措施。

2. 杆塔基础施工安全作业要点

（1）挖掘基坑。

存在的安全隐患有：砸伤、工器具伤人、触电、地下气体窒息。

1）在超过 1.5 m 深的坑内工作时，坑边的余土要清除，抛土要注意防止土回落坑内，打伤挖坑人员。

2）在松软土质挖坑时，应有防止塌方措施，如加挡板、撑木等。禁止由下部掏挖土层。

3）在居民区或交通道路附近挖基坑时，应设盖板或可靠围栏，夜间挂红灯，防止行人掉进坑内。

4）防止挖坑过程中使用的锹、镐磕手、刨脚。坑内外传递工具时不许乱扔，防止误伤人。

5）采用的挡土板、撑木等强度要足够，防止造成倒塌挤伤作业人员。

6）在泥水坑、流沙坑施工所用抽水的电气设备必须合格，防止漏电伤人。

7）在市内或居民区内挖坑，应与有关单位取得联系，查明地下设施，防止刨坏电缆伤人。

8）挖掘深坑时，可能出现地下管道漏气、沼气泄漏等伤害坑内作业人员的危险。施工中应备有通风排气设备，并有安全可靠的抢救措施。

（2）水泥杆底、拉盘施工。

存在的主要安全隐患是：砸伤。

1）下底、拉盘时，应先将坑边土清理干净，留有站人和放盘的位置。

2）下底、拉盘时坑内不得有人，将底、拉盘移至坑边，采取好控制措施后放入坑中，防止人随底、拉盘落入坑内，调整底、拉盘时应采取措施防止碰伤手脚。

3）采用吊杆、吊车等方法下底、拉盘时，坑内不得有人。

4）吊车在起吊转位时防止碰伤其他工作人员，吊车臂下、重物下严禁站人。

5）下拉线盘时，防止拉线棒反弹，拉盘的对面不得有人停留和观看，防止拉线棒打伤人。

3. 组立及拆除水泥杆工作安全作业要点

作业的项目是利用抱杆、吊车和利用旧杆立、拆水泥杆。存在的主要安全隐患是：倒杆、砸伤等。

（1）立、撤杆等重大施工项目应制订安全技术组织措施计划，并经厂、公司主管生产领导批准。

（2）工作负责人在开工前必须熟悉施工现场，认真组织工作班组成员学习批准的施工安全技术组织措施计划，做到人人明白施工任务、方法、安全技术措施。

（3）立、撤杆工作要设专人统一指挥，开工前讲明施工方法及信号。工作人员应明确分工、密切配合、服从指挥，在居民区和交通道路附近进行施工应设专人看守。

（4）要使用合格的起重设备，严禁超载使用。

(5) 使用抱杆立杆时，主牵引绳杆顶中心及抱杆顶应在一条直线上，抱杆应受力均匀，两侧拉线应拉好，不得左右倾斜。固定临时拉线时，不得固定在可能移动的物体上或其他不可靠的物体上。

(6) 电杆起离地面后，应对各部吃力点做一次全面检查，确无问题再继续起立，起立 60°后应减缓速度，注意各侧拉绳，特别控制好后侧头部拉绳防止过牵引。

(7) 利用旧杆起吊时，应先检查所用杆的杆根并打好临时拉线。使用合格的起重设备，严禁超载使用。

(8) 在撤杆工作中，拆除杆上导线前应检查杆根，做好防倒杆措施，在挖杆坑前应先绑好牵引绳并使其受力。

(9) 吊车起吊钢丝绳套应吊绑在杆的适当位置，防止电杆突然倾倒。

(10) 吊车的吊壁下方严禁有人逗留。立杆过程中严禁有人，除指挥人及指定人员外，其他人员必须远离杆下 1.2 倍杆高的距离以外。

(11) 立杆及修坑时，应有防止杆身滚动、倾斜的措施，如采用叉杆和拉绳控制等。

(12) 已经立起的电杆只有在杆基回填土全部夯实后，方可撤去叉杆和拉绳，工作人员应戴安全帽。

(13) 利用钢钎做地锚时，应检查锤把、锤头及钢钎子，打锤人应站在扶钎人的侧面，严禁站在对面，并不准戴手套；扶钎人应戴安全帽。钎头有开花现象时应更换修理。

三、线路巡视、维护作业

1. 线路巡视工作安全作业要点

线路巡视作业存在的安全隐患较多，如：走路扎脚、狗咬、蛇咬、摔伤、马蜂蜇、高空坠落、交通事故、溺水、迷路、触电等。

（1）巡视时，严禁穿凉鞋，防止扎脚。

（2）进村（屯）可能有狗的地方先喊叫。

（3）可备用棍棒，防备狗突然蹿出。

（4）巡线时带一树棍，边走边打草，避免被蛇咬伤。

（5）巡线时如路滑，应缓慢行走，过沟、崖、墙时防止摔倒。

（6）发现马蜂窝不要靠近，更不能碰它。

（7）单人巡视时，禁止攀登电杆和铁塔。

（8）巡视时应遵守交通法规。

（9）巡视工作中不得穿过不明深浅的水域和薄冰。

（10）偏僻山区夜间巡视必须由两人进行。

（11）应有照明工具。

（12）暑天和大雪天巡视必要时由两人进行。

（13）事故巡线应始终认为线路有电，即使明知该线路已停电，亦认为线路随时有恢复送电的可能。

（14）发现导线断落地面或悬吊空中，应设法防止行人靠近断线点 8 m 以内，并迅速报告领导，等候处理。

（15）巡线时沿线路外侧行走，大风时沿上风侧行走。

2. 带电杆塔上作业

铁塔及水泥杆刷油、涂标志、挂相位牌、补塔材、拧螺钉等；登杆塔检查绝缘子、架空地线等作业，存在的安全隐患有：高空坠落、触电。

（1）攀登杆塔前应认真检查脚钉、脚扣、升降板、爬梯等是否牢固无问题后方可攀登。

（2）在杆塔上工作必须系好安全带，安全带必须绑在牢固物件上，转移作业位置时不得失去安全带保护。

(3) 应有专人监护。

(4) 杆塔上工作人员和所携带的工具、材料与带电体保持足够的安全距离：10 kV及以下，0.7 m；35 kV，1 m。

(5) 上下传递工器具、材料必须使用绝缘无极绳索，风力不应大于5级，并应有专人监护。

(6) 杆塔上有静电感应时工作人员应穿防静电服。

(7) 高处作业必须使用工具袋防止掉东西。

(8) 所用的工器具、材料等必须用绳索传递，不得乱扔。杆下应防止行人逗留。

(9) 作业人员应戴安全帽。

3. 停电清扫绝缘子、更换绝缘子安全作业要点

此项工作存在的安全隐患有：误登邻近带电设备；工器具失灵、导线脱落；绝缘子串脱落；跑线二连板挤伤人等。

(1) 工作开始前，工作负责人要指明停电作业范围及交代邻近有电设备和线路情况。

(2) 登杆塔前，要认清停电线路名称、标塔号、核对所戴标记颜色与停电线路色标是否相同。

(3) 杆塔上作业时，首先要挂好小地线。

(4) 作业时由两人以上进行，做好互相监护。

(5) 所用工器具要定期检查，使用前必须经专人检查，保证合格、配套、灵活好用。

(6) 在交叉跨越的各种线路、公路、铁路作业时，必须采取防止落线保护措施，并应有足够强度，对被跨越的电力线，必要时可联系停电再进行作业。

(7) 为防止绝缘子串收紧后，缺少弹簧销子和金具连接不牢发生突然脱落伤人事故，首先要认真检查连接情况。

（8）认真检查绝缘子连接情况，防止瓶串突然脱开或翻动，二连板变位挤伤人。

（9）瓶串收紧前，检查工器具连接情况是否牢固可靠，并打好保护套。

4. 放线、紧线和撤线工作安全作业要点

放线、紧线和撤线工作存在的安全隐患有：抽伤、触电。

（1）放线、紧线工作，应制订安全技术组织措施计划，并经厂、公司有关部门和领导批准。

（2）放线、紧线和撤线工作均应有专人统一指挥、执行统一信号。

（3）所使用的工器具必须合格，使用前必须有专人检查，无问题方可使用。开门滑车应将门钩扣牢或用绑线绑牢，防止绳索滑脱。

（4）交叉跨越各种线路、铁路、公路、河流时，放、撤线应先取得主管部门同意，做好安全措施，如搭好可靠的跨越架，在路口设专人手持信号旗看守。

（5）紧线前应检查导地线有无被障碍物挂住。紧线时应检查接线管或接线头以及过滑轮、横担、树枝、房屋等有无卡住现象，如有，应用绳索或木棒处理。工作人员不得跨在导线上或站在导线内角侧，防止意外跑线时被抽伤。

（6）紧线、撤线前应检查拉线、拉桩及杆根，如不能适用时应加设临时拉绳加固，主牵引绳与杆塔夹角不小于60°，滑车必须绑牢，不准直接挂在横担上。

（7）严禁采取突然剪断导地线的做法松线。

（8）紧、撤线时塔上摘、挂线人员的安全带必须绑在杆塔牢固构件上。

（9）放线、撤线工作中下方有被跨越的电力线路，必须搭好越线架，架子一定要搭牢，搭架工作必须有专人指挥、检查、防止搭的架子倾倒，造成人身触电和摔伤。

（10）放线、紧线过程中越线架始终要有专人看守、防止线被架子挂住或掉到架子外边，滑到带电线路上。

（11）导地线通过越线架时，必须采用绝缘绳进行，严禁用人带线头或抛扔钢丝绳的办法进行。

5. 外线测量工作安全作业要点

主要包括导地线弛度测量、交叉跨越测量、杆塔接地电阻测量。存在的主要安全隐患有：走路扎脚、触电、物体打击。

（1）测量工作应穿胶底高勒劳保用鞋，走路时不仅要看着线路，同时要观察周围的自然环境，防止被绊倒摔伤。

（2）翻越障碍物时，确认下方无危险时方可跳下。

（3）电气测量工作至少应由两人进行，一人操作，一人监护。监护人不得做其他工作。

（4）在线路带电情况下，测量导线垂直距离、线距、交叉距离等工作，用抛绝缘绳的方法进行时，绝缘绳必须试验合格。上塔抛挂绝缘绳时，人身与带电体应保持安全距离，要系安全带，并有专人监护。

（5）绝缘绳必须保持清洁干燥，禁止在阴雨天气进行测量。

（6）严禁使用皮尺、线尺（夹有金属线）等器具测量带电线路的各种距离。

（7）雷雨天严禁测量杆塔接地电阻，解开和恢复杆、塔接地引线时，应戴绝缘手套，严禁接触与地断开的接地线。

（8）利用仪器测量时，塔尺与带电体必须保持安全距离。

（9）利用绝缘绳地面抛挂测量时，应检查重锤是否绑好。

（10）抛重锤时应有专人监护，防止重锤打碎绝缘子或落下打伤工作人员。

6. 室内线路安装安全作业要点

（1）室内线路设计。

存在的主要安全隐患是：火灾、触电。

1）户内布线装置中导线的最小截面和敷设间距离应符合要求。选择导线截面时，除应考虑安全载流量外，还应考虑线路允许的电压损失和机械强度。

2）车间照明和电力线路应分开放置，不同电压、不同电压等级的线路应十分明显地分开敷设，以方便维修和检查。

3）线路装置严禁利用大地作相线或零线。单相或二相三线供电时，零线与相线截面不同；三相四线供电的零线截面应符合规定。

4）除花灯及壁灯等线路外，一般照明每一支路的最大负荷电流不应超过 15 A，插座数一般不超过 15 只。用电热设备时，每一支路的最大负荷电流不应超过 30 A，装接插座数一般不超过 6 只。

（2）室内线路安装。

存在的主要安全隐患是：火灾、触电。

1）导线不得直接贴在木头、墙壁或其他建筑物上，导线不得裸露。

2）布线过程中，应尽量减少导线间的连接；接头应采用压接或焊接工艺；铜、铝线间的连接应用铜铝过渡接头或在铜线上镀锡，以防电化学腐蚀；所有接头与分支处应尽量使其不受大的机械拉力。

3）管内、木槽板内的导线不得有接头和分支处，以免使用日久会接触不良引起过热以致起火，必要时可把接头做在接线盒内。

4）所有明布线的接头应放在便于检查和检修的位置上。导线与电器端子的连接应压实使其牢固可靠。

5）导线绝缘必须良好，其接头处应用绝缘包布包扎，绝缘强度不应小于导线的原有绝缘强度。腐蚀性场所使用的导线应采用塑料绝缘线或铅包线。

(3) 线路施工后的测试。

主要安全隐患是：漏电。

布线完工后，通电前应测试其绝缘电阻，其值不小于下列数值：相对地，0.22 MΩ；相对相，0.38 MΩ；对于 36 V 低压线路为 0.22 MΩ；潮湿、有腐蚀性蒸气和气体的场所，绝缘电阻值标准可降低一半。

7. 电缆线路施工安全作业要点

(1) 人力敷设电缆工作。

存在的安全隐患是：人员绊伤、摔伤、传动挤伤。

1) 电缆沟边应修有人工牵引电缆的平整通道。

2) 电缆需要穿入过道管时，过道管应预敷牵引绳。

3) 电缆盘及放线架应固定在硬质平整的地面，电缆应从电缆盘上方牵引，放线轴杠两端应打好临时拉线。

4) 电缆盘设专人看守，电缆盘滚动时禁止用手制动。

5) 肩扛电缆的人应在电缆同一侧，合理地分配肩扛点距离，禁止把电缆放在地面上拖拉。

6) 电缆穿入保护管时，送电缆人的手与管口应保持一定距离。

7) 敷设电缆保护盖板时，运板人员与接板人员注意轻接轻放。

(2) 电缆头制作。

存在的安全隐患是：抬运物件时挤压；施工过程物体打击；熬胶及使用喷灯时烫伤。

1) 抬运物件时，人员应相互配合。

2) 制作中间接头时，接头坑边应留有通道，坑边不得放置工具、材料，传递物件注意递接递放。

3）用刀或其他工具时，不准对着人体。

4）熬胶工作应有专人看管，熬胶人员应戴帆布手套和鞋盖。

5）搅拌或掐取热胶时，必须使用预先加热的工具。

6）沟内外传递，注意轻接轻放。

7）灌胶过程中，周围不能站人，灌胶人员尽量远离灌胶点缓慢注入。

8）使用喷灯应先检查喷灯本体是否漏气或堵塞。喷灯加油不得超过桶容积的3/4。禁止在明火附近进行放气或加油，点火时先将喷嘴预热。使用喷灯时，喷嘴不准对着人体及设备，打气不得超压。

9）喷灯使用完毕，应立即放气，放置在安全地点，冷却后装运。

（3）电缆的运输和装卸。

存在的安全隐患有：挤压砸伤人，损坏电缆盘和电缆，吊装工具、器具不完整。

1）电缆盘禁止平放运输，吊车装卸电缆时，起重工作应由一人统一指挥。

2）电缆盘挂吊钩，人员撤离后方可起吊。

3）与工作无关人员禁止在起重区域内行走或停留。正在吊物时任何人员不准在吊车和吊物下停留或行走。

4）重物放稳后，方可摘钩，运输过程中电缆盘必须捆绑牢固，严禁客货混装。

5）卸电缆应使用吊车或将其沿着坚固的铺板渐渐滚下，与电缆盘相反方向的制动绳应满足牵引力，并固定在牢固地点，电缆盘下方禁止站人，不允许将电缆盘从车上直接推下。

6）吊装电缆工作应设专人负责，明确分工，应对所用工具全面检查是否齐备，有无损伤。起吊用钢绳，必须满足安全拉力。工作人员应戴保护手套。行车途中押车人员应随时观察电缆盘稳固情况，如有异常立即停车处理。

7）电缆盘沿下坡滚动时，应防止电缆盘顺势自己滚动，预防意外事故发生。

（4）电缆沟的挖掘工作。

存在的安全隐患有：碰坏地下设施、伤人、有害气体中毒、交通事故。

1）挖掘电缆沟前必须与地下管道、电缆的主管部门联系，明确地下设施实际位置，做好防范措施，组织外来人员施工时应交代清楚并加强监护。

2）挖掘过程中碰到地下物体，不得擅自破坏，要验明清楚后再进行。

3）在电缆路径上挖掘，不得使用尖镐，要使用铁锹。挖到电缆时更应注意，防止碰坏电缆。

4）挖掘电缆沟前，现场应做好明显标示或围栏，挖出的土堆起的斜坡不得放置工具、材料等杂物，沟边应留有通道。

5）在挖掘电缆沟深超过 1.5 m 时，抛土要特别注意防止土石回落。

6）在松软土层挖沟应有防止塌方措施，禁止由下部挖土层。

7）在居民区及交通要道附近挖沟时应设沟盖，夜间挂红灯。

8）硬石、冻土层打眼时应检查锤把、锤头及钢钎子，打锤人应站在扶钎人侧面，严禁站在对面，并不得戴手套。扶钎人应戴安全帽，钎头有开花现象时应更换修理。

9）在煤气管道附近挖掘时，必须由两人进行，监护人必须注意挖土人，防止煤气中毒。

在垃圾堆处挖掘时，必须由两人进行，防止沼气中毒。

10）夜间工作现场应有充足的照明。

在居民区及交通道路附近挖掘电缆沟，应设临时盖板或可靠围栏，夜间挂红灯，防止行人误入和发生交通事故。

（5）电缆线路、隧道故障巡视检查工作。

存在的安全隐患有：有毒气体伤人、触电、碰伤。

1）配变电站巡视工作必须由两人进行，一人巡视，一人监护。

2）高压室内巡视，进入室内前，必须辨清高低压侧，一般不应从高压侧通过。

3）巡视过程中，任何情况下不得触及带电设备。

4）高压室内高压设备发生接地时，人员不得进入故障点 4 m 以内。

5）进入电缆隧道内巡视、测温应由两人以上进行，不得单独巡视电缆隧道，进入电缆隧道应带好足够的照明设备。

6）进入电缆隧道应做好防备有毒气体的准备，隧道内要通风良好，必要时戴上防毒面具或口罩。

7）巡视时，注意力要集中，防止跌倒或碰伤。

8）事故巡视检查应始终认为线路有电，即使明知该线路已停电，亦应认为线路随时有恢复送电的可能。

9）电缆隧道的巡视、检查维护工作，必须由两人以上来完成。

10）巡视隧道时，应注意突出的支架和障碍物，防止碰伤、刮伤。

8. 在建工程与外电线路安全防护作业要点

存在的安全隐患有：火灾、触电。

（1）在建工程不得在高、低压线路下方施工，高低压线路下方不得搭设作业棚、建造生活设施或堆放构件、架具、材料及其他杂物等。

（2）在建工程（含脚手架具）的外侧边缘与外电架空线路的边线之间必须保持安全距离，最小安全操作距离不应小于：1 kV 以下，4 m；1～10 kV，6 m；35～110 kV，8 m；154～220 kV，10 m；330～500 kV，15 m。

（3）施工现场的机动车道与外电架空线路交叉时，架空线路的最低点与路面的垂直距离应不小于：1 kV 以下，6 m；1～10 kV，7 m；35 kV，7 m。

（4）旋转臂架式起重机的任何部位或被吊物边缘与 10 kV 以下的架空线路边线最小水平距离不得小于 2 m。

（5）在外电架空线路附近开挖沟槽时，必须防止外电架空线路的电杆倾斜、悬倒，必要时应会同有关部门采取加固措施。

（6）施工现场开挖非热管道沟槽的边缘与埋地外电缆沟槽边缘之间的距离不得小于 0.5 m。

第三节　带电作业安全技术

一、一般规定及安全措施

1. 带电作业

带电作业是指在没有停电的设备或线路上进行的工作。如在带电的电气设备或线路上，用特殊的方法（如用绝缘杆、等电位、水冲洗等操作方法）进行测试、维护、检修和个别零部件的拆卸工作。

带电作业按作业人员是否直接接触带电导体可分为直接作业和间接作业；按作业人员作业时所处的电位高低可分为等电位作业、中间电位作业和地电位作业。目前带电作业采用的主要方式有；间接带电作业；等电位作业；沿绝缘子串进入强电场作业；分相作业；

全电缆作业。

间接带电作业也称地电位作业，是指作业人员站在地上或站在接地物体（如铁塔、杆塔横担）上，与检修设备带电部分保持规定的安全距离，利用绝缘工具对带电导体进行的作业。地电位作业时，有泄漏电流流过人体，流过人体泄漏电流的路径是：地→人→绝缘工具→带电导体。由于人体的电阻很小，绝缘工具的电阻很大，流过人体的泄漏电流主要取决于绝缘工具的绝缘电阻，故要求绝缘工具的绝缘电阻越大越好。

中间电位作业是指人体站在绝缘站台或绝缘梯上，或站在绝缘合格的升高机具内，手持绝缘工具对带电体进行的作业。中间电位作业也属间接作业范围。这种作业的泄漏电流路径是：地→绝缘站台（梯）→人→绝缘工具→带电导体。中间电位作业时，人处于带电体与绝缘站台之间，人体对带电体、地分别存在电容。由于电容的耦合作用，人体具有一定的电位，此时，人体电位高于地电位而低于带电体电位，因此作业时作业人员应穿屏蔽服和遵守有关规定。

等电位作业就是使作业人员各部位的电位与带电体的电位始终相等的作业。等电位作业是带电作业中直接作业的方式之一，它包括等电位作业、全绝缘作业、分相接地作业等方式。等电位作业时，作业人员穿着全套屏蔽服，借助各种绝缘安全用具进入强电场进行操作。在等电位状态下，人体已与地面完全绝缘而与带电体处于相同电场之中，人体与带电体之间不存在电位差。由于作业人员身体处于屏蔽服保护下，通过人体的电流为零，因此作业人员可直接接触带电体进行工作。

2. 带电作业一般规定

（1）带电作业人员必须经过培训，考试合格。凡参加带电作业的人员，必须经过严格的工艺培训，并考试合格后才能参加带电作业。

（2）工作票签发人和工作负责人必须经过批准。带电作业工作票签发人和工作负责人应具有带电作业实践经验，熟悉带电作业现场和作业工具，对某些不熟悉的带电作业现场，能组织现场查勘，作业判断和确定作业方法及应采取的措施。工作票签发人必须经厂领导批准，工作负责人可经工区领导人批准。

（3）带电作业必须设专人监护，监护人应由有带电作业实践经验的人员担任，监护人不得直接操作，监护的范围不得超过一个作业点，复杂的或高杆塔上的作业应增设塔上监护人。

（4）应用带电作业新项目和新工具时，必须经过科学试验和领导批准，对于比较复杂、难度较大的带电作业新项目和研制的新工具必须进行科学试验，确认安全可靠，编出操作工艺方案和安全措施，并经厂主管生产领导批准后方可使用。

（5）带电作业应在良好天气下进行。如遇雷、雨、雪、雾等天气，不得进行带电作业；风力大于5级时，一般不宜进行带电作业。

雷电时，直击雷和感应雷都会产生雷电过电压，该过电压可能使设备绝缘和带电作业工具遭到破坏，给作业人员人身安全带来严重危险；雨、雾天气，绝缘工具长时间在露天中会受潮，使绝缘强度明显下降；高温天气时，作业人员在杆塔、导线上工作时间过长会中暑；严寒风雪天气，导线弛度减小，应力增加，此时作业会加大导线荷载，甚至发生导线断线；当风力大于5级时，空中作业人员会出现较大的侧向受力，工作稳定度差，给作业造成困难，监护能见度差，易引起事故。

在特殊情况下，必须在恶劣天气下进行带电作业时，应组织有关人员充分讨论，采取必要可靠的安全措施，并经厂主管生产的领导批准后方可进行。

(6) 带电作业必须经调度同意批准。带电作业工作负责人在带电作业工作开始之前，应与调度联系，得到调度的同意后方可进行，工作结束后应向调度汇报。

(7) 带电作业时应停用重合闸。带电作业有下列情况之一者应停用重合闸，并不得强送电。

1) 中性点有效接地（直接接地）的系统中有可能引起单相接地的作业。

2) 中性点非有效接地（中性点不接地或经消弧线圈接地）的系统中有可能引起相间短路的作业。

3) 工作票签发人或工作负责人认为需要停用重合闸的作业。

此外，严禁约时停用或恢复重合闸。

(8) 带电作业过程中设备突然停电不得强送电。如果在带电作业过程中设备突然停电，则作业人员仍视设备为带电设备。此时，应对工具和自身安全措施进行检查，以防出现意外过电压，工作负责人应尽快与调度联系，调度未与工作负责人取得联系前不得强送电。

以上规定适用于在海拔 1 000 m 及以下交流电 10～500 kV 的高压架空线、发电厂和变电站电气设备上采用等电位、中间电位和地电位方式进行的带电作业及低压带电作业。

3. 带电作业一般技术措施

(1) 保持人身与带电体间的安全距离。作业人员与带电体间的距离，应保证在电力系统中出现最大内外过电压幅值时不发生闪络放电。所以，在进行地电位带电作业时，人身与带电体间的安全距离（带电作业的最小安全距离）不得小于表 2—1 的规定。

35 kV 及以下的带电设备，不能满足表 2—1 所列的最小安全距离时，必须采取可靠的绝缘隔离措施。

（2）将高压电场场强限制到对人身无损害的程度。如果作业人员身体表面的电场强度短时不超过 220 kV/m，则是安全可靠的。如果超过上述值，则应采取必要的安全技术措施，如对人体加以屏蔽。

（3）制订带电作业技术方案。带电作业应事先编写技术方案，技术方案应包括操作工艺方案和严格的操作程序，并采取可靠的安全技术措施。

（4）带电作业时，良好绝缘子数应不少于规定数。带电作业更换绝缘子或在绝缘子串上作业时，良好绝缘子片数不得少于表 2—2 的规定。

表 2—2　　　　良好绝缘子最少片数

电压等级（kV）	35	63（66）	110	220	330	500
片数	2	3	5	9	9	23

如 110 kV 架空线路，直线杆塔绝缘子一般为 7 片，其中良好绝缘子不少于 5 片。在绝缘子串上带电作业或更换绝缘子时，必然要短接 1～3 片绝缘子，由此引起绝缘子串上分布电容的变化，其电压分布也随之改变，短接部位不同时，电压改变也不同，特别是绝缘子两端引起的电压变化更为悬殊。由于每片绝缘子耐压能力的限制，为保证短接后剩余绝缘子串能可靠承受最大过电压并保持有效安全距离，各电压级线路良好绝缘子片数不少于规定数。

（5）带电更换绝缘子时应防止导线脱落。更换直线绝缘子串或移动导线的作业，当采用单吊线装置时，应采取防止导线脱落时的后果保护措施。

更换绝缘子串或移动导线均需吊线作业，此时大多数使用吊线杆、紧线拉杆、平衡式卡线器、托瓶架等专用卡紧装置。在工作过程中，当松开线夹或摘开绝缘子串的挂环时，导线即与杆塔脱开，此时导线仅通过装置控位，若装置机械部分缺陷，导线与装置脱开，则会发生严重的飞线事故。因此，为防止导线脱开飞线事故，应采取后备保持措施，如采用两套绝缘紧线拉杆或结实的绝缘绳，预先将导线紧固在杆塔上适当位置，以免作业时导线脱开。

(6) 采用专用短线（或穿屏蔽服）拆、装靠近横担的第一片绝缘子。在绝缘子串未脱离导线前，拆、装靠近杆塔横担的第一片绝缘子时，必须采用专用短接线或穿屏蔽服，方可直接进行操作。

在拆、装靠近横担的第一片绝缘子时，要引起整串绝缘子电容电流回路的通断。由于绝缘子串电压呈非线性分布，通常第一片绝缘子上的等效电容相对较大。作业人员如果直接用手操作，人体虽有电阻，但仍有较大电流瞬间流过人体而产生刺激，出现动作失常而发生危险。接触靠近横担的第一片绝缘子，还有一稳定电流流过人体，电流大小由绝缘子串表面电阻、分布电容及绝缘子脏污程度决定，严重时可达数毫安，对人体造成危害。所以，在导线未脱离之前，应采用专用短接线可靠地短接第一片绝缘子放电，或穿屏蔽服转移流经人体的暂稳态电容电流。

(7) 带电作业时应设置围栏。在市区或人口稠密的地区进行带电作业时，带电作业工作现场应设置围栏，严禁非工作人员入内。

二、等电位作业

1. 等电位作业基本原理及适用范围

根据电工原理，电场中的两点，如果没有电位差，则两点间不会有电流。等电位作业就是利用这个原理，使带电作业人员各部位的电位与带电体的电位始终相等，两者之间不存在电位差。因此，没有电流流过作业人员的身体，从而保证作业人员的人身安全。

由于63 (66) kV及以上电压等级电力线路和电气设备的相间及相

与地之间的净空距离较大，所以，等电位作业一般适应于63（66）kV及以上电压等级的电力线路和电气设备。而35 kV及以下线路和设备的相间、相与地（相与杆塔构架、相与设备外壳）之间的净空距离较小，加之人体穿着屏蔽服后在设备上工作占有一定空间，使上述净空距离更小。所以，35 kV及以下线路和电气设备不适于等电位作业。若须在35 kV及以下电压等级采用等电位作业，应采取可靠的绝缘隔离措施，在措施可靠的条件下才能进行等电位作业。

2. 屏蔽服及使用

在实际作业中，并不能简单地按等电位原理进行作业，还必须解决许多实际问题，如人体进入强电场接近带电体时，带电体对人体放电，人体在强电场中身体各部位产生电位差等。人体虽具有电阻，但电阻值很小，与带电作业所用绝缘梯或空气的绝缘电阻相比，则微不足道，可以忽略而看成导体。当作业人员沿着绝缘梯上攀去接触带电体进行等电位作业时，随着人体与带电体的逐步接近，人体对地电位也逐渐增高，人体与带电体间的电位则逐渐减小。根据静电感应原理，人体上的电荷将重新分布，即接近高压带电体的一端呈异性电荷。当离高压带电体很近时，感应场强很大，足以使空气电离击穿，于是带电体对人体开始放电。随着人体继续接近带电体，放电将加剧，并产生蓝色弧光和“噼啪”放电声，当作业人员用手紧握带电体时，电荷中和放电结束，感应电荷完全消失。此时，人体与带电体等电位，人体电位处于稳定状态。但是，人体与地及人体与相邻相导体之间存在电容，因此仍有电容电流流过人体，但此电流很小，人体一般无感觉。

另外，当人体处在高压电场中时，虽然人体对地是绝缘的，但由于存在人体等效电容效应，使得人体各部位并未完全处于等电位状态，各部分之间电位差并不相同。当人体由地电位沿绝缘梯（或绝缘子串）过渡进入强电场时，均有较大的电位变化和电位差存在。当场强超过一定数值时，人体各部位之间将出现危险的电位差，人体表皮角质层也耐受不了强电场的作用。

为了消除在电位转移过程中的电容充、放电现象，削弱高压电场对人体的影响，在高压带电体上进行带电作业时，人体必须穿屏蔽服。

屏蔽服是根据金属球置于强电场中，其内部电场为零的原理制成的，它用经纬布织均匀的柞蚕丝内包有金属丝（不锈钢或铜丝）的布料制成，它像一个特殊的金属网罩，依靠它可以使人体表面的电场强度均匀并减至最小，良好的屏蔽服屏蔽电场效率可达99.9%，使作业时流经人体的电流几乎全部从屏蔽服上流过，实现了对人身的电流保护。在发生事故的情况下，穿着屏蔽服保护人身安全，对减轻电弧烧伤面积也有一定作用。

正确穿着和使用屏蔽服是保证带电作业安全的首要方面，必须认真对待。屏蔽服的穿着和使用注意事项如下：

（1）所有屏蔽服的类型应适合作业的线路或设备的电压等级。根据季节不同，屏蔽服内均应有棉衣、夏布衣或按规定穿着的阻燃内衣，冬季应将屏蔽服穿在棉衣外面。

（2）使用屏蔽服之前，应用万用表和专用电极认真测试整套屏蔽服最远端点之间的电阻值，其数值不应大于20 Ω。同时，对屏蔽服外部应进行详细检查，看其有无钩挂、破洞及断线折损处，发现后应及时用衣料布加以修补，然后才能使用。

（3）穿着时，应注意整套屏蔽服各部分之间连接可靠、接触良好，这是防止等电位作业人员麻电的根本措施，绝对不能对任何部位的连接检查予以忽视。若屏蔽服与手套之间连接不妥的话，电位过渡时手腕易产生麻电；若不戴屏蔽帽或衣帽之间接触不良时，在电位转移过程中，作业人员未屏蔽的面部很容易产生麻电或电击。

（4）屏蔽服使用完毕，应将屏蔽服卷成圆筒形存放在专门的箱子内，不得挤压，以免造成断丝。夏天使用后洗涤汗水时不得揉搓，可放在较大体积的约50℃左右的热水中浸泡15 min，然后用足量清水漂洗晾干。

3. 等电位作业的基本方式

等电位作业有如下几种基本方式：

（1）立式绝缘硬梯（含人字梯、独脚梯）等电位作业。该方式多用于变电设备的带电作业。如套管加油、短接断路器、接头处理等。

（2）挂梯等电位作业。该方式是将绝缘硬梯垂直悬挂在母线、杆塔横担或构架上，多用于一次变电设备解接搭头的带电作业。

（3）软梯等电位作业。该方式是将绝缘软梯挂在导线上，用来处理输电线路的防震锤和修补导线，该方法简单方便。

（4）杆上水平梯等电位作业。该方式是将绝缘硬梯水平组装在杆塔上，作业人员进行杆塔附近的等电位作业。

（5）绝缘斗臂上的等电位作业。该方式是在汽车活动臂上端的专用绝缘斗中进行带电作业。作业人员站在绝缘斗中，汽车活动臂将其举送到所需高度进行作业。

（6）绝缘三角板等电位作业。适用于配电线路杆塔附近的等电位作业。

4. 等电位作业安全技术措施

（1）等电位作业人员必须在衣服外面穿着合格的全套屏蔽服，且各部分应连接好，屏蔽服内还应套阻燃内衣。严禁通过屏蔽服断（接）地电流、空载线路和耦合电容器的电容电流。

由于在等电位沿绝缘梯或沿绝缘子串进入强电场的电位转移过

程中会产生电容充放电，高压电场对人体各部位间会产生危险电位差，为保证人身安全，作业人员不仅应屏蔽身体，而且还必须屏蔽人的头部和四肢，所以作业人员应穿全套的屏蔽服。屏蔽服内的阻燃内衣是防止电容充、放电时将人体所穿的衣服燃烧着火而设置的。

（2）等电位作业人员对地距离不应小于表 2—1 的规定，对邻相导线的距离不应小于表 2—3 的规定。

表 2—3　　等电位作业人员对邻相导线的最小距离

电压等级（kV）	10	35	63（66）	110	220	330	500
距离（m）	0.6	0.8	0.9	1.4	2.5	3.5	5.0

（3）等电位作业人员在绝缘梯上作业或沿绝缘梯进入强电场时，其与接地体和带电体两部分间所组成的组合间隙不得小于表 2—4 的规定。

表 2—4　　组合间隙最小距离

电压等级（kV）	35	63（66）	110	220	330	500
距离（m）	0.7	0.8	1.2	2.1	3.1	4.0

（4）等电位作业人员沿绝缘子串进入强电场的作业，只能在 220 kV及以上电压等级的绝缘子串上进行。扣除人体短接的和零值的绝缘子片后，良好绝缘子片数不得小于表 2—2 的规定，其组合间隙不得小于表 2—4 的规定。若组合间隙不满足表 2—4 的规定，应加装保护间隙。

等电位作业人员沿绝缘子串进入强电场，一般要短接 3 片绝缘子，还应考虑可能存在的零值绝缘子，最少以 1 片计。110 kV 直线杆绝缘子串共 7 片，扣除 4 片之后少于表 2—2 规定的良好绝缘子片数；而 220 kV 直线杆绝缘子串为 13 片，扣除 4 片后，满足最少良好绝缘子 9 片的规定。

（5）等电位作业人员在电位转移前，应得到工作负责人的许可，并系好安全带。转移电位时，人体裸露部分与带电体的距离不应小于表 2—5 的规定。

表 2—5　转移电位时人体裸露部分与带电体的最小距离

电压等级（kV）	35～63（66）	110～220	330～500
距离（m）	0.2	0.3	0.4

（6）等电位作业人员与地面作业人员传递工具和器材时，必须使用绝缘工具进行，其有效长度应不小于表 2—6 的规定。

表 2—6　绝缘工具最小有效绝缘长度

电压等级（kV）	有效绝缘长度（m）	
	绝缘操作杆	绝缘承力工具、绝缘绳索
10	0.7	0.4
35	0.9	0.6
63（66）	1.0	0.7
110	1.3	1.0
220	2.1	1.8
330	3.1	2.8
500	4.0	3.7

（7）沿导、地线上悬挂的软、硬梯或飞车进入强电场的作业应遵守下列规定：

1）在连续挡距的导、地线上挂梯（或飞车）时，其导、地线的截面不得小于：

钢芯铝铰线　120 mm^2；

铜铰线　70 mm^2；

铝铰线　50 mm^2。

2）有下列情况之一者，应经验算合格，并经厂主管生产领导批准后才能进行：在孤立挡距的导、地线上的作业；在有断股的导、地线上的作业；在有锈蚀的地线上的作业；在其他型号导、地线上的作业；二人以上在导、地线上的作业。

要保证在导、地线上挂梯或飞车作业的安全，必须使导、地线符合规定的综合抗拉强度。而孤立挡距的两杆塔处承受力与直线杆塔有很大不同，需要对整体（含杆塔）承受的侧向力进行核算。导、地线有锈蚀或断股，会使原来的有效截面减小，抗拉能力降低。《电力安全工作规程》未予指明的其他型号导、地线及载荷增加超重和一切变动的因素、非一般情况等，都必须经过验算导、地线强度并证明合格后，方可挂梯作业。

3）在导、地线上悬挂梯子前，必须检查本挡两端杆塔处导、地线的紧固情况。挂梯载荷后，地线及人体对导线的最小间距应比表2—1中的数值增大0.5 m，导线及人体对被跨越的电力线路、通信线路和其他建筑物的最小距离应比表2—1的安全距离增大1 m。

在导、地线上挂梯，由于集中载荷的作用，必须使导线的弛度增大。另外，工作中人及梯子处于运动状态，考虑安全距离时应留有正常活动范围及人体进入强电场作业会引起作业地点周围电场分布发生变化，使空气绝缘的放电分散性增大。为保证工作时的人身安全，故作上述规定。

4）在瓷横担线上严禁挂梯作业，在转动横担的线路上挂梯前应将横担固定。

(8）等电位作业人员在作业中严禁用酒精、汽油等易燃品擦拭带电体及绝缘部分，防止起火。

5. 等电位作业安全注意事项

等电位作业除了满足带电作业的一般规定外，还应注意下列事项：

（1）所穿屏蔽服必须符合要求。屏蔽服的技术指标（屏蔽效率、衣料电阻、熔断电流、耐电火花、耐燃、耐洗涤、耐汗蚀、耐磨等）、性能指标（衣服电阻、手套、短袜及鞋子电阻、戴帽后外露面部场强、整套屏蔽服连接后最远端间的电阻、人穿屏蔽服后流过人体电流、头顶场强、衣内胸前胸后场强及温升）均应满足规定要求。

（2）带电作业时未屏蔽的面部或颈部不得先接触高压带电体。当人体进行电位转移时，为防止电击，未屏蔽的面部或颈部不得先接触高压带电导体，应用已屏蔽的手先接触导体，且动作要快。

（3）带电作业时，不允许电容电流通过屏蔽服。在等电位作业断开或接通电气设备时，即使电容电流很小，也不允许电容电流通过屏蔽服。

（4）挂梯前，检查绝缘梯应完好。

三、带电断、接引线

1. 带电断、接引线的基本原则

（1）带电断、接引线必须在线路空载的条件下进行。

（2）严禁带负荷断、接线路的引线。当带负荷断、接引线时，在断、接点会产生异常强烈的电弧，该电弧会灼伤人的身体，甚至引起短路故障。

2. 带电断、接空载线路的规定

（1）带电断、接空载线路时，必须确认线路的终端断路器或隔离开关确已断开，接入线路侧的变压器、电压互感器确已退出运行后，方可进行。

按照这种规定，线路的首端与电源相连、线路的终端及线路上均不接任何负载、线路完全处于空载状态时，才可进行带电断、接空载线路。

(2) 带电断、接空载线路时，作业人员应戴护目镜，并应采取消弧措施，消弧工具的断流能力应与被断、接的空载线路电压等级及电容电流相适应。如使用消弧绳，则其断、接的空载线路的长度不应大于表 2—7 的规定，且作业人员与断开点应保持 4 m 以上的距离。

当线路空载时，电源虽不供负荷电流，但向线路供电容电流，线路越长，电容电流越大。当带电断、接空载线路时，在断、接点会产生电容电流电弧，电容电流弧光对人的眼睛会造成伤害，故作业人员作业时，应戴护目镜，并采取消弧措施，消弧工具应能断开相应电压等级、相应长度空载线路的电容电流。

表 2—7　　使用消弧绳断、接空载线路的最大长度

电压等级（kV）	10	35	63（66）	110	220
长度（m）	50	30	20	10	3

注：线路长度包括分支在内，但不包括电缆线路。

(3) 在查明线路确无接地、绝缘良好、线路上无人工作且相别确定无误后，才可进行带电断、接引线。

该项规定关系到带电断、接引线时的工作安全，也关系到系统的安全运行。其理由如下：

1) 如果线路上有人工作，则带电断、接引线使线路上的工作人员极不安全。所以规程要求，要查明线路确实无人工作才带电断、接引线。

2) 如果被接引的空载线路绝缘不良或存在接地，若线路为中性点直接接地系统，则带电接引时，将会引起或发生单相接地短路，在引接点会产生很大单相短路电弧，危及作业人员的安全；若线路为中性点不接地或经消弧线圈接地系统，一相接地后，虽可继续运行 2 h，但非接地相电压升高至线电压，线路绝缘受线电压作用，若在薄弱部位发生另一点接地，会形成相间短路，影响系统正常运行。

如果出现电容电流很大的接地，则断、接引线时使用的消弧管容量有限，可能超过其容量而爆炸。以上都给人身和设备安全带来严重威胁。

3）带电接、引线之前，必须核实线路的相别。未经定相核实相别即开始接引线，把相别搞错了，会在受端变电站操作接入电网时发生相间短路。如果直接接引两端带电设备，则会发生相间短路，造成人身及设备重大事故。

4）带电接引线时，未接通相的导线及带电断、引线时已断开相的导线，将因感应而带电，为防止电击，应采取措施后才能触及。

5）严禁同时接触未接通的或已断开的导线两个断头，以防人体串入电路。

3. 带电断、接其他电气设备的规定

（1）带电断、接耦合电容器时，应将其信号接地、接地刀闸合上并应停用高频保护。被断开的电容器应立即对地放电。

（2）带电断、接耦合电容器（包括空载线路、避雷器等）时，应采取防止引流线摆动的措施。对引流线采取固定措施，防止摆动，可避免因引流线摆动引起短路故障。

（3）严禁用断、接空载线路的方法使两电源解列或并列。

电路的接通或断开，电源的解列和并列，都必须使用断路器，因为断路器能灭弧。两电源并列必须经同期并列，如果采用断、接空载线路的方法使两电源解列或并列，就会引起电弧短路和非同期并列的恶性事故。

四、带电短接设备

1. 带电短接断路器和隔离开关

用分流线短接断路器（开关）、隔离开关（P 闸）等载流设备时，必须遵守下列规定：

（1）短接前一定要核对相别。即确定三相引线中的U相、V相和W相，然后用分流线按相别短接。防止相别搞错而发生相间短路事故。

（2）组装分流线的导线处，必须清除氧化层，且夹线接触应牢固可靠。分流线用线夹固定接在被短接设备一相的两端，为了减小接触电阻防止运行中接头处过热烧坏及运行可靠，分流线两端表面的氧化层应清除，两端牢固地固接在线夹内，线夹再牢固地固接在被短接设备一相的两端。

（3）35 kV及以下设备使用的绝缘分流线的绝缘水平应符合表2—8的规定。绝缘分流线像其他绝缘工具一样，其绝缘性能应按绝缘工具的绝缘试验标准进行试验，其耐压性能符合要求方可使用。

表2—8　绝缘工具的试验项目及标准

额定电压（kV）	试验长度（m）	1 min工频耐压（kV）		5 min工频耐压（kV）		15次操作冲击耐压（kV）	
		出厂及型式试验	预防性试验	出厂及型式试验	预防性试验	出厂及型式试验	预防性试验
10	0.4	100	45				
35	0.6	150	95				
63	0.7	175	175				
110	1.0	250	220				
220	1.8	450	440				
330	2.8			420	380	900	800
500	3.7			640	580	1 175	1 050

（4）断路器必须处于合闸位置，并取下跳闸回路熔断器（保险）、锁死跳闸机构后，方可短接。在进行带电短接时，断路器必须

处于合闸位置，而且短接过程中，不许断路器跳闸，故跳闸回路熔断器（即操作保险）应取下，而且还要将断路器的操作机构锁在合闸位，否则在短接过程中，若断路器瞬间断开，则造成带负荷短接线，在接头处会产生很大的电弧，引起短路故障和人身伤亡。

(5) 分流线应支撑好，以防摆动造成接地短路，如用绝缘线同相绑扎或作绝缘支撑固定。

2. 带电短接阻波器

带电短接阻波器应遵守以下规定：

(1) 阻波器被短接前，严防等电位作业人员人体短接阻波器。阻波器是一个无缺芯的电感绕组，电力线路运行时，负荷电流经过阻波器送至用户。为了本端能接收对侧发来的高频保护及高频通信信号，必须设置阻波器，不让高频信号通过阻波器，而只能通过耦合电容器被终端设备接收。阻波器只能通过工频电流。等电位作业时，在短接分流线未装好之前，作业人员不得碰触阻波器，避免出现阻波器全部或部分被人体短接，否则人体成为短接的导体，屏蔽服上将流过负荷电流，电流超过其耐受能力时，屏蔽服将冒火花或被烧坏，导致烧伤电击事故。故作业中，应防止人体短接阻波器。

(2) 短接阻波器（或开关设备）的分流线截面和两端线夹的载流容量，应满足最大负荷电流的要求。

五、带电水冲洗

带电水冲洗就是在高压设备正常运行的情况下，利用电阻率不低于1.5 kΩ·cm的水，保持一定的水压和安全距离等条件，使用专门的泵水机械装置，对有污秽的电气设备绝缘部分进行冲洗清污的作业方法。

因绝缘子脏污而发生绝缘子闪络是电力系统中常见的一种事故。为防止绝缘子闪络，可以在不停电的情况下用压力水冲洗绝缘子，使其经常保持清洁。

1. 带电水冲洗的一般规定

(1) 带电水冲洗一般应在良好天气时进行。风力大于四级，气温低于−3℃，雨天、雪天、雾天及雷电天气不宜进行。

带电水冲洗对气候有一定要求，当风力大于四级时，冲洗的水线在脏污处飞溅较厉害，污水在瓷裙沟里不易迅速下流。特别是北方沙尘大的地方，不待瓷瓶干燥，沙尘可能又已落上，复又形成脏污。当气温低于−3℃时，水对脏物的溶解力已弱，绝缘子上脏污本身黏着易僵固化，影响冲洗效果，甚至无法工作。在雨天和落雾天气，不仅设备绝缘明显下降，易发生对地闪络，而且给冲洗用绝缘工具的安全防护也带来困难。在雷电天气，若设备上落雷或雷电波传入，或雷电感应过电压，则对设备及作业都将带来危害。

(2) 带电水冲洗作业前，应掌握绝缘子的脏污情况，当盐密度大于表2—9临界盐密度的规定时，一般不宜进行水冲洗，否则，应增大水阻率来补救。避雷器及密封不良的设备，不宜进行水冲洗。

污秽强度称盐密度，即受外部环境污染而附着在电气设备绝缘表面每单位面积上的烟灰、水泥尘埃及化工物资等污物的质量数，用以衡量绝缘的脏污程度，其单位为mg/cm^2。

表2—9　带电水冲洗临界盐密度（仅适用于220 kV及以下）

项目	发电厂及变电所支柱绝缘子爬电比距（mm/kV）							
	14.8～16（普通型）				20～31（防污型）			
水电阻率（Ω·cm）	1 500	3 000	10 000	50 000及以上	1 500	3 000	10 000	50 000及以上
临界盐密度（mg/cm^2）	0.02	0.04	0.08	0.12	0.08	0.12	0.16	0.2

续表

项目	线路悬式绝缘子爬电比距（mm/kV）							
	14.8～16（普通型）				20～31（防污型）			
水电阻率（Ω·cm）	1 500	3 000	10 000	50 000 及以上	1 500	3 000	10 000	50 000 及以上
临界盐密度（mg/cm^2）	0.05	0.07	0.12	0.15	0.12	0.15	0.2	0.22

注：1. 330 kV 及 500 kV 等级的临界盐密度尚不成熟，暂不列入。

2. 带电水冲洗的方法

带电水冲洗绝缘子时，由于水并非纯绝缘介质，绝缘子上的带电部分可以看成是带电导体通过电阻接地，这与用绝缘杆进行带电操作相似。所以，用高电阻水柱冲洗绝缘子，与用绝缘杆操作绝缘子的作用相同。不过，水冲洗的泄漏电流有两条回路：一条经由水柱、喷嘴、人体入地；另一条经绝缘子表面泄漏电阻入地。经人体入地的回路要满足对人体安全的要求，经绝缘子表面入地的回路要满足对设备安全的要求（不发生绝缘子表面闪络）。因此，通过人体的泄漏电流主要决定于水柱的电阻值，即冲洗水的电阻。

绝缘子带电水冲洗的方法及注意事项如下：

（1）冲洗角度。冲洗角度指水柱与所冲洗设备中心轴的夹角，冲洗角度最好保持 90°。如果条件不允许，可保持 60°，但角度不宜太小；冲洗耐张绝缘子串时，可采用 30°～40°的冲洗角度。

（2）冲洗绝缘子的顺序。对于垂直安装的绝缘子串，应由下往上逐片进行冲洗；对于耐张绝缘子串，则应先冲洗带电体侧的绝缘子，然后逐片后移，最后冲洗接地端（杆塔横担）的绝缘子。

（3）在同一变电站内，不宜同时冲洗不同的两相，也不得使水柱跨接两相，以防短路。

（4）在冲洗中，由于电压分布的改变，电压高的地方可能产生火花，此时可将水柱直接对准火花冲洗，以使火花熄灭。

(5) 冲洗水柱不得冲到设备上密封不良和有缺陷的部位，也不得将水柱对着隔离开关动、静触头处冲洗，以免冲开刀闸造成事故。

(6) 风力大、空气湿度高和阴雨天气以及水与绝缘子的温差大时，都不宜进行水冲洗作业。

六、高架绝缘斗臂车带电作业

1. 高架绝缘斗臂车

高架绝缘斗臂车多数用汽车发动机和底盘改装而成。它安装有液压支腿，将液压斗臂安装在可以旋转 360°的车后活动底盘上，成为可以载人进行升降作业的专用汽车。绝缘斗臂用绝缘性能良好的材料制成，采用折叠伸缩结构，电力系统借助高架绝缘斗臂车带电作业，减轻了作业人员的劳动强度，改善了劳动条件，并且使一些因间隔距离小、用其他工具很难实施的项目作业得以实现。

2. 高架绝缘斗臂车带电作业安全规定

用高架绝缘斗臂车进行带电作业时，应遵守下列安全规定。

(1) 使用前应认真检查，并在预定位置空斗试操作一次，确认液压传动、回转、升降、伸缩系统工作正常，操作灵活，制动装置可靠，方可使用。

(2) 绝缘臂的有效绝缘长度（最小长度）应大于表 2—10 的规定，并应在其下端装设泄漏电流监视装置。

表 2—10　　绝缘臂的最小长度

电压等级（kV）	10	35～63（66）	110	220
长度（m）	1.0	1.5	2.0	3.0

绝缘臂在荷重作业状态下处于动态过程中，绝缘臂铰接处结构容易被损伤，出现不易被发现的细微裂纹，虽然对机械强度无甚影响，但会引起耐电强度下降，其表现在带电作业时，绝缘斗臂的绝缘电阻下降，泄漏电流增加。因此，带电作业时，在绝缘臂下端装设泄漏电流监视装置是很有必要的。在实际工作中，除严格执行有关监视、检查的规定外，还应遵守表 2—10 的规定。

(3) 绝缘斗臂下节的金属部分，在仰起回转过程中，对带电体的距离应按表 2—1 的规定值增加 0.5 m。工作中车体应良好接地。

表 2—1 规定的人身与带电体应保持的安全距离是一个最小的静态界限，且间隙空气绝缘是稳定的。一般作业时，只要按章操作并严格监护，不会出现危险接近和失常的情况。而绝缘斗臂下节的金属部分，因外形几何尺寸与活动范围均较大，操动控制仰起回转角难以准确掌握，存在状态失控的可能。绝缘斗体积较大，介入高压电场导体附近时，下部机车喷出的烟雾会对空气产生扰动和性能影响，使间隙的气体放电电压下降，分散性变大。因而必须综合考虑绝缘斗臂下节的金属部分对带电体的安全距离。按《电力安全工作规程》规定，该安全距离应比表 2—1 规定的最小安全距离大 0.5 m。

3. 操作绝缘斗臂车注意事项

操作绝缘斗臂车进行专业工作属于带电作业范畴，应与带电作业同样严格要求。故要求操作绝缘斗臂的人员应熟悉带电作业的有关规定，熟练掌握斗臂车的操作技术。由于操作斗臂车直接关系高空作业人员的安全，所以操作斗臂车的人员应经专门培训，在操作过程中不得离开操作台，且斗臂车的发动机不得熄火，以便意外情况发生时能及时升降斗臂，以免造成压力不足、机械臂自然下降而引发作业事故。

七、带电气吹清扫

带电气吹清扫系指对未停电设备的瓷质绝缘表面，用压缩气体和干燥的锯末进行气吹清扫，清除瓷质绝缘表面的脏污，使瓷质保持清洁。

1. 带电气吹清扫喷嘴的基本要求

对带电气吹清扫所用喷嘴的要求是：喷嘴宜用硬质绝缘材料制成。若用金属材料制作喷嘴，其长度不宜超过 100 mm。喷嘴内径以 3.5～6 mm 为宜。

使用硬质绝缘材料制作喷嘴，不会像金属喷嘴那样，在介入电场中时有可能使绝缘子串上相应长度内的爬电距离被短接。特别是对于电压等级较低的设备，如使用金属喷嘴所引起的电场分布的变化较为突出。故《电力安全工作规程》规定了金属喷嘴的最大长度，要求不超过 100 mm，且喷嘴内径以 3.5～6 mm 为宜。喷嘴内径过大，不但增加辅料用量，造成不必要的浪费，而且作用在电瓷表面的冲力过大还会损伤瓷釉，而喷嘴内径过小，出气管容易阻塞，喷出的流体质量太少，影响清擦效果。

2. 对带电气吹清扫用锯末辅料的要求

对用做带电气吹清扫的锯末辅料的基本要求是：锯末辅料需经 16～30 目筛网筛选和干燥。装入辅料罐前，应用 2 500 V 兆欧表进行测量，其绝缘电阻应大于 9 000 MΩ。

采用木锯末辅料进行气吹清扫时，在高压气流的推动下，锯末从地电位处向设备绝缘喷出，与带电水冲洗相似，也存在着绝缘能力泄漏标准的问题。所以，在干燥过的锯末未装罐之前，必须用 2 500 V兆欧表测量其绝缘电阻，其值不得小于 9 000 MΩ。用 16～30 目网筛筛去锯末中的大颗粒木屑，以防止气冲清扫过程中堵塞软管，而且试验证明，采用16～30目的木锯末清扫，其清扫效果也较好。为确保绝缘电阻合格，筛选后的锯末应立即进行干燥处理，蒸发掉锯末中的水分，这是提高木锯末辅助绝缘电阻值的基本手段。

3. 空气压缩机的检查和调试

带电气吹清扫用的空气压缩机在清扫工作开始之前，应认真进行检查和调试，检查和调试的主要内容如下。

(1) 空气压缩机启动后按步骤调试，保证在作业过程中空气压缩机各部位运转正常。

(2) 按压力标准试验空气压缩机所装安全阀门，当超过1.08 MPa压力强度时，安全阀门应能可靠动作，以防止机械失控或出气管、喷嘴堵塞时爆破风包和软管。

(3) 使用前应检查并将风包内余水放尽，保证清扫用木锯末辅料的绝缘不致下降。

(4) 调试并保持空气压缩机正常排气压力在0.59～0.98 MPa (59～98 N/cm^2)。

4. 带电气吹清扫操作人员的安全防护

带电气吹清扫操作人员在清扫时应注意下列安全防护事项。

(1) 根据被清扫设备电压等级，确定出与被清扫设备带电部分的安全距离，且应符合表2—1的规定。

(2) 操作人员应具备空气压缩机运行操作方面的知识，掌握喷嘴堵塞时进行处理的一般技能。

(3) 按照防尘作业条件着装。操作人员应戴护目镜、口罩和防尘帽，穿工作服并扣紧袖口和领口。根据天气风向，操作人员应在上风侧合适位置进行操作。

5. 带电气吹清扫安全注意事项

带电气吹清扫是利用干燥的锯末辅料自高压力喷嘴喷射的冲量

冲洗瓷质绝缘表面，适于清扫渗漏油污。为保证最佳安全清扫效果，应注意以下两点。

（1）在带电气吹作业时，作业人员应注意喷嘴不得垂直电瓷表面及定点吹气，应选择合适的角度。当角度过大或接近垂直时，不但清扫效果不佳，而且如果电瓷绝缘存在缺陷，所有冲量几乎全部作用在釉质层上，可能损坏电瓷和釉质表面层。同理，定点气吹也应该避免。

（2）带电气吹清扫时，如遇喷嘴锯末阻塞，应先减压，再行清除障碍。锯末阻塞喷嘴会造成风包内储压增高，此时，若立即处理喷嘴阻塞的障碍，不仅不易消除，而且时间过长安全阀即会动作。而故障一旦消除后，因储压偏高，又容易出现冲击现象。因此应先减压，再处理喷嘴阻塞。

八、低压带电作业

低压系统电压在 250 V 及以下。低压带电作业是指在不停电的低压设备或低压线路上的工作。

对于一些可以不停电的工作，没有偶然触及带电部分的危险工作，或作业人员使用绝缘辅助安全用具直接接触带电体及在带电设备外壳上的工作，均可进行低压带电作业。虽然低压带电作业的对地电压不超过 250 V，但不能理解为此电压为安全电压，实际上交流 220 V 电源的触电对人身的危害是严重的，特别是低压带电作业使用很普通，为防止低压带电作业对人身的触电伤害，作业人员应严格遵守低压带电作业有关规定和注意事项。

1. 低压设备带电作业安全规定

在低压设备上带电作业，应遵守下列规定：

（1）在带电的低压设备上工作，应使用有绝缘柄的工具，工作时应站在干燥的绝缘垫、绝缘站台或其他绝缘物上进行，严禁使用锉刀、金属尺和带有金属物的毛刷、毛掸等工具。使用有绝缘柄的工具，可以防止人体直接接触带电体。站在绝缘垫上工作，人体即使触及带电体，也不会造成触电伤害。低压带电作业时使用金属工具，金属工具可能引起相间短路或对地短路事故。

(2) 在带电的低压设备上工作时，作业人员应穿长袖工作服，并戴手套和安全帽。戴手套可以防止作业时手触及带电体；戴安全帽可以防止作业过程中头部同时触及带电体及接地的金属盘架，造成头部接近短路或头部碰伤；穿长袖工作服可防止手臂同时触及带电和接地体引起短路和烧伤事故。

(3) 在带电的低压盘上工作时，应采取防止相间短路和单相接地短路的绝缘隔离措施。在带电的低压盘上工作时，为防止人体或作业工具同时触及两相带电体或一相带电体与接地体，在作业前将相与相间或相与地（盘构架）间用绝缘板隔离，以免作业过程中引起短路事故。

(4) 严禁雷、雨、雪天气及六级以上大风天气在户外带电作业，也不应在雷电天气进行室内带电作业。

雷电天气，系统容易引起雷电过电压，危及作业人员的安全，不应进行室内、外带电作业；雨雪天气、气候潮湿，不宜带电作业。

(5) 在潮湿和潮气过大的室内，禁止带电作业；工作位置过于狭窄时，禁止带电作业。

(6) 低压带电作业时，必须有专人监护。带电作业时由于作业场地、空间狭小，带电体之间、带电体与地之间绝缘距离小，或由于作业时的错误动作，均可能引起触电事故，因此，带电作业时，必须有专人监护；监护人应始终在工作现场，并对作业人员进行认真监护，随时纠正不正确的动作。

2. 低压线路带电作业安全规定

在 400 V 三相四线制的线路上带电作业时，应遵守下列规定：

（1）上杆前应先分清火、地线，选好工作位置。在登杆前，应在地面上先分清火、地线。只有这样才能选好杆上的作业位置和角度。在地面辨别火、地线时，一般根据一些标志和排列方向、照明设备接线等进行辨认。初步确定火、地线后，可在登杆后用验电器或低压试电笔进行测试，必要时可用电压表进行测量。

（2）断开低压线路导线时，应先断开火线，后断开地线。搭接导线时，顺序应相反。三相四线制低压线路在正常情况下接有动力、照明及家电负荷。当带电断开低压线路时，如果先断开零线，则因各相负荷不平衡使该电源系统中性点出现较大偏移电压，造成零线带电，断开时会产生电弧。因此，断开四根线均会带电断开。故应按《电力安全工作规程》规定，先断火线，后断地线。接通时，先接零线，后接火线。

（3）人体不得同时接触两根线头。带电作业时，若人体同时接触两根线头，则人体串入电路造成人体触电伤害。

（4）高低压同杆架设，在低压带电线路上工作时，应先检查与高压线的距离，采取防止误碰带电高压线或高压设备的措施。在低压带电导线未采取绝缘措施时（裸导线），工作人员不得穿越。

高低压同杆架设，在低压带电线路上工作时，作业人员与高压带电体的距离应不小于表 2—1 的规定，还应采取以下措施：

1）防止误碰、误接近高压导线的措施；

2）登杆后在低压线路上工作，防止低压接地短路及混线的作业措施；

3）工作中在低压导线（裸导线）上穿越的绝缘隔离措施。

（5）严禁雷、雨、雪天气及六级以上大风天气在户外低压线路上带电作业。

(6) 低压线路带电作业，必须设专人监护，必要时杆上设专人监护。

三、低压带电作业注意事项

1. 带电作业人员必须经过培训并考试合格，工作时不少于 2 人。

2. 严禁穿背心、短裤，穿拖鞋带电作业。

3. 带电作业使用的工具应合格，绝缘工具应试验合格。

4. 低压带电作业时，人体对地必须保持可靠的绝缘。

5. 在低压配电盘上工作，必须装设防止短路事故发生的隔离措施。

6. 只能在作业人员的一侧带电，若其他还有带电部分而又无法采取安全措施者，则必须将其他侧电源切断。

7. 带电作业时，若已接触一相火线，要特别注意不要再接触其他火线或地线（或接地部分）。

8. 带电作业时间不宜过长。

第四节　电工维修作业安全技术

一、照明灯安装作业要点

1. 器具检查

所有吊灯、日光灯、新型光源、诱蛾黑光灯以及开关、插座等（包括附件）都必须完整无损。

2. 照明灯安全位置选择

存在的安全隐患有：砸伤人、触电、火灾。

(1) 车间日常照明灯一般采用线吊式、管吊式。采用线吊式的每盏灯应有一只挂线盒（多管日光灯和特殊灯具除外），吊灯线绝缘必须良好，不得有接头，在挂线盒内和灯头内应打结，以免接线点承受灯具质量。质量大于 1 kg 的灯具应采用铁链，软线应编叉在铁链内，导线不应受力；当灯具质量超过 3 kg 时，必须固定在预埋的吊钩或螺丝上。采用吊管式时，螺纹连接要求牢固可靠，至少旋入 5～7牙，吊装应用直径大于 10 mm 的薄壁管或钢管制成，灯架和吊管内的导线不得有接头。

(2) 变、配电所内的高、低压配电盘及母线正上方不得安装灯具。

(3) 安装在户外的照明灯具，其高度低于 3 m 者，应有光源保护，装于户外墙壁上时可减至 2.5 m，潮湿危险场所不低于 2.5 m，一般生产车间、办公室、商店、住房居民用电的灯头应不低于 2 m。

(4) 电灯灯头过低又无安全措施的车间照明。行灯和机床的局部照明，应采用 36 V 及以下电压的电灯，它还可以用于锅炉、金属容器、构架等内部的行灯及危险场所中，但不便于狭窄的工作地点、潮湿的场所（如井下作业）。

(5) 行灯变压器应采用双绕组隔离变压器，外壳、铁芯和低压绕组应可靠接地，不允许用自耦变压器或在附加电阻上抽取电压作为行灯电源。在行灯变压器一、二次回路中应装设熔断器保护，熔丝的额定电流应不大于变压器的额定电流。

(6) 采用螺口灯头时，相线必须接在灯头的中心弹簧上，零线接在灯头螺纹上，灯泡拧好后，金属部分不应外露。

(7) 拉线开关的离地距离不得低于 1.8 m，一般为 2.2～2.8 m，距门框 150～200 mm。墙边扳把开关离地不得低于 1.3 m，距门框 150～200 mm。

(8) 直流或交流不同电压的插座安装在同一场所时，应有明显标志以示区别，其选用的插头和插座不可互换插入。

(9) 生产车间的单相电源应采用三眼插座，三相电源用四眼插座。

(10) 插座容量应能满足用电负荷要求，不允许过载。当分路总熔丝额定电流小于 5 A 时，插座的相线上可不装熔断丝，否则应在相线上串接熔断器保护。

(11) 明装插座离地高度一般不低于 1.3 m；暗装插座离地不应低于 0.15 m；居民住宅、幼儿园、托儿所和儿童活动场所均不得低于 1.8 m；明、暗装插座在车间、试验室等场所离地面高度不得低于 0.3 m，特殊场所暗装插座不得低于 0.15 m。

(12) 明装的开关、插座和吊线盒均应装牢在合适的圆木或方木等绝缘板上，其间隙不得小于 5 mm。

(13) 暗装的开关及插座应装牢在开关盒内，金属壳的开关盒应接地，开关盒、出线盒应有完整的盖板。

(14) 相邻的开关及插座应采用同一种形式，开关板的通断位置应一致。

二、隔离开关、负荷开关、高压断路器安装安全作业要点

此项作业存在的安全隐患有：设备损坏、作业人员摔伤等。

1. 隔离开关、负荷开关及高压熔断器运到现场后所有部件、附件、备件应齐全，无损伤变形及锈蚀。

2. 瓷件应无裂纹及破损，设备及瓷件应安置稳定，不得倾倒损坏，触头及操作机构的金属传动部件应有防锈措施。

3. 开箱板、朝天钉要及时从施工现场清除，以防伤人。

4. 进入施工现场，施工人员必须正确佩戴安全帽，穿好工作服，

登高时要系好安全带。

5. 吊装中由专人指挥，工作人员不得站在吊壁和重物的下面及重物移动的前方。

6. 钢丝绳荷重，需保证其安全系数，根据吊车吊臂角度确定荷载，不得超载使用。

7. 超吊作业必须得到指挥人的许可，并确保与带电体的安全距离。

三、配电盘、开关柜就位与安装安全作业要点

此项作业存在的安全隐患有：损坏设备、工作人员砸伤等。

1. 配电盘、开关柜在满足安装条件时，方可进行安装，若与土建交叉作业时，应协助双方做好防护措施，以确保人身及设备安全。

2. 盘、柜在安装地点拆箱后，应立即将拆箱板等物清理干净，以免妨碍交通或钉子扎脚。

3. 撬动盘、柜时，应有足够的人力，统一指挥，防止倾倒伤人或设备损坏，狭窄处防止挤伤。

4. 开关柜就位时，沟、洞要搭设人行跳板防止掉入沟内。室内所有孔洞应有足够承受人体质量的铁板或木板遮盖，以防人体踩空损伤。

5. 盘、柜底加垫铁时，不可将手伸入底部，防止压手。多面盘并列安装时，应防止挤手。

6. 重心偏移一侧的盘，在未安装固定好之前，应有防止倾倒的措施。

7. 在安装盘面设备时，需有人扶持，将其固定好后，方可松手。

8. 装在墙上的操作箱及其他较重的设备，要做好临时支撑，确认固定好后，方可拆除。

9. 在已装仪表的盘上开孔时，应先将精密仪器拆下，并应有防止铁屑落到其他设备及端子上的保护措施。

10. 盘、柜固定焊接时，应有隔热、防火措施，避免烧坏电缆及设备，要有人监护。

11. 进入施工现场的人员必须正确佩戴安全帽，穿好工作服，严禁穿拖鞋、高跟鞋，严禁酒后进入施工现场。

12. 在光线不足的工作场所应有足够的照明，主要通道应设路灯。

13. 电气设备起吊前应检查起重设备及其安全装置，重物吊离地面约 10 cm 时应暂停起吊进行全面检查，确认良好后方可正式起吊。

四、电气二次接线、安装安全工作要点

此项工作存在的安全隐患有：接线接错、割剥导线伤人等。

1. 按照施工图纸核对好电缆的型号、规格及安装单位接线位置。

2. 接线位置及周围的孔洞应先遮盖，防止踏空掉入。

3. 先按顺序排好电缆，量好接线位置高度，再开始割剥电缆。

4. 割剥电缆时要放平、垫实、线下放木板，注意防止刀锯伤手；割剥电缆时应注意不得损伤绝缘及芯线。

5. 严禁用手、腿托住电缆进行剥割。

6. 割剥下来的电缆护层、麻丝、绝缘纸、线芯应及时清理，保持现场清洁，文明施工，随时注意防火。

7. 在部分带电盘上工作时，必须遵守下列规定：

(1) 先接不带电端，后接带电端；

(2) 应穿工作服、戴绝缘手套、穿绝缘鞋、戴工作帽，严禁穿背心、短裤工作；

(3) 使用的电动工具均应有绝缘手柄，电动工具必须接地；

(4) 应设监护人。

8. 盘内工作要精力集中，防止盘架和设备碰头及刮伤脸部。

五、电能表现场校验工作安全作业要点

1. 高压电能表校验

主要安全隐患有：走错计量盘柜，误触运行设备造成人身触电；电流互感器二次开路产生高压电危及工作人员生命安全；电压回路接地或短路引起人体伤害；高处计量箱接线不慎跌落等。

(1) 应将检验设备与运行设备前后以明显的标志隔开（如盘后用红布帘，盘前用“在此工作”标示盘等)。

(2) 附近有带电盘和带电部位，必须设专人监护。

(3) 不得将回路的永久接地点断开。

(4) 短路电流互感器二次绕组，必须使用短路片或短路线，短路应妥善可靠。

(5) 严禁在电流互感器与短路端子之间的回路和导线上进行任何工作。

(6) 工作时必须有专人监护，使用绝缘工具，并站在绝缘垫上。

(7) 在带电电压互感器二次回路工作时，应使用绝缘工具、戴绝缘手套。

(8) 接临时负载，必须装有专用可熔断路器。

(9) 梯子与地面的角度为60°左右，工作人员必须在距梯顶不少于1 m的梯蹬上工作。

(10) 应对梯子采取可靠防滑措施，并有人扶持。

2. 低压电能表校验

存在的主要安全隐患有：走错计量表盘，误触运行设备造成人身触电；低压短路，触电造成人体伤害。

(1) 应将检验设备与运行设备前后以明显的标志隔开（如盘后用红布帘，盘前用“在此工作”标示牌等）。

(2) 附近有带电盘和带电部位，必须设专人监护。

(3) 严格执行低压计量作业程序票制度。

(4) 严禁无监护人操作和作业。

(5) 严禁电压回路短路接地、电流回路开路。

(6) 严格执行低压作业着装，使用专用工具，戴绝缘手套、戴护目眼镜。

(7) 需要停电工作时应可靠断开各方面电源，在刀闸把手上挂“禁止合闸，有人工作!”的标示牌。

(8) 工作前必须验电。

六、验电、装设地线工作安全作业要点

此项工作存在的安全隐患有：高、低压感电，高空摔跌，物体打击等。

(1) 验电工作应由两人进行，一人验电，一人监护。

(2) 验电前必须辨明该设备为停电设备。

(3) 验电工作要使用合格的相应电压等级的验电工具，验电人员应戴绝缘手套。

(4) 在同杆塔具有多回路高、低压线路上验电，必须先验低压后验高压、先验下层后验上层。当验明最下层确无电压后必须装设好地线后再验上层，不得碰触或穿越无电的导线。

(5) 电缆头上必须逐相验电，放电装设地线后方可进行上层验电，装设其他设备的地线。

(6) 装设地线工作时，先接接地端、后接导线端，拆时与此相反。上述工作作业人员必须使用合格的绝缘棒，人体不得碰触导线

和地线。

（7）作业人员必须戴好安全帽。

（8）上杆前检查登杆工具是否良好可靠并注意防滑，攀登杆塔时要检查脚钉是否可靠。

（9）到达验电装设地线位置时，必须系好安全带后才可进行验电、装设地线工作。

（10）验电器、地线应用绳索传递。

七、电气测量工作安全作业要点

1. 变压器测负荷工作

存在的安全隐患有：高低压感电、高空摔跌等。

（1）测量工作至少应由两人进行，一人操作，一人监护。夜间作业，必须有足够的照明。

（2）测量人员应了解测试仪表性能、测试方法及正确接线。

（3）安装仪表及测量时不得触及其他带电设备，并应防止相间短路。

（4）上变压器台时应从变压器低压侧攀登。地面测量时应认明低压侧。工作中应时刻注意与高压端子的距离。

（5）在配变电站内测量，应在低压室内进行，不得进入高压室。

（6）在变压器台上进行测量工作应使用安全带。上变压器台时应检查变压器台脚钉和爬梯安装是否牢固。

（7）使用移动梯子应有专人扶持。

2. 高压线路测负荷工作

存在的安全隐患有：高低压感电、高空摔跌等。

（1）测量工作至少应由两人进行，一人操作，一人监护。夜间作业，必须有足够的照明。

（2）测量人员应了解测试仪表性能、测试方法及正确接线。

（3）登杆测量高压电流时必须使用合格的绝缘杆，绝缘杆有效长度10 kV不小于0.7 m，工作中对高压带电部分保持安全距离：10 kV，0.7 m。测量人员不得穿越高低压线、电缆头、开关、刀闸等（包括路灯线）。

（4）测量工作不得穿越虽停电但未经装设地线的导线。

（5）登杆测量工作必须系好安全带、戴安全帽。

3. 测量接地电阻工作

主要安全隐患是：高低压感电。

（1）测量接地电阻工作至少应由两人进行，一人操作，一人监护。

（2）测量人员应了解测试仪表性能、测试方法及正确接线。

（3）解开或恢复接地线时，应戴绝缘手套，测量时严禁接触与地断开的接地线。

4. 测量绝缘电阻工作

主要安全隐患是：高低压感电。

（1）测量工作至少应由两人进行，一人操作，一人监护。夜间作业，必须有足够的照明。

（2）测量人员应了解测试仪表性能、测试方法及正确接线。

（3）测量电缆绝缘电阻工作，必须测量完一相放电后才可进行另一相测量工作。

（4）工作中对带电设备保证可靠的安全距离。

5. 导线限距交叉跨越距离的测量

存在的安全隐患是：触电、物体打击。

（1）测量工作至少应由两人进行，一人操作，一人监护，监护人不得做其他工作。

（2）在线路带电情况下，用抛挂绝缘绳的方法进行测量导线线距时，绝缘绳必须清洁、干燥、试验合格。抛挂绝缘绳时必须与带电体保持安全距离，并有专人监护。

（3）禁止在阴雨天进行抛挂绝缘绳的测量作业。

（4）严禁使用皮尺、线尺（夹有金属线）等测量带电线路各种距离。

（5）利用仪器测量时，塔尺与带电体必须保证安全距离。

（6）利用绝缘绳地面抛挂测量限距时，应检查重锤是否绑好。

（7）抛重锤时应有专人监护，防止重锤打坏设备或落下打伤工作人员。

八、配变电站（箱式配电站）工作安全作业要点

1. 停电工作

主要安全隐患有：高低压感电、高空摔跌、在吊运移动变压器过程中伤人。

（1）配变电站的停电工作必须严格执行配变电站作业票制度。

（2）作业前必须将配变电站检修设备高低压全停并在指定位置验电和装设地线后方可工作。工作中与带电体保持安全距离：10 kV，0.7 m。

（3）高压电缆预防性试验和更换高压开关工作必须从电源引入端停电，柱上开关（无刀闸）应设专人看守，跌开式开关摘下熔丝管。

（4）触碰电缆头前（包括联络电缆）必须先逐相放电和装设地线。

（5）更换一次开关的工作必须将开关电源侧电源拉开（包括联络电缆的电源）。

（6）在高压室内作业使用梯子应有人扶持，站在变压器大盖上作业时应防止滑倒。

（7）作业人员应戴好安全帽，高处作业系好安全带。

（8）吊放变压器工作应设专人指挥和监护。

（9）吊放变压器前应先对钢丝绳套进行外观检查，无断股、烧伤、挤压等明显缺陷，确保其强度满足起重设备荷重要求（安全系数 5～6 倍）。

（10）吊放变压器前应对各受力点进行检查。

（11）拉出或送入变压器时要防止变压器移动挤、压伤人。

2. 部分停电工作

主要安全隐患是：高低压感电、电弧光伤人。

（1）配变电站工作应由两人以上进行，并设专人监护。

（2）更换低压开关或低压熔丝管工作时，必须拉开该开关的电源，并在该开关两侧验电，确定无电压后装设好地线方可工作。

（3）低压部分停电作业应在工作盘上挂“在此工作”标示牌，并设安全围栏。

（4）开关跳闸，送电前必须查明原因，排除故障。对电缆应进行绝缘测试，严禁盲目试送开关。

（5）电容器检修工作前必须先逐相放电和装设地线后方可工作。

3. 巡视检查工作

主要安全隐患是：高低压感电。

（1）配变电站巡视工作必须由两人进行，一人巡视，一人监护。

（2）高压室内巡视，进入室内前，必须辨清高低压侧，一般不应从高压侧通过，如必须通过时应与带电部位保持安全距离：10 kV，0.7 m，监护人认真监护。

（3）巡视过程中，任何情况下不得触及带电设备。

(4) 高压室内高压设备发生接地时，人员不得进入故障点 4 m 以内。

(5) 每次巡视应记录漏雨、进水、小动物等处理情况。未处理的及时上报，安排处理。

九、开关设备检修安全作业要点

1. 电磁机构检修

主要安全隐患是：弹簧伤人、人身触电、火灾。

(1) 分解前，将弹簧能量释放，做好弹簧突然弹出的防范措施。

(2) 两人抬铁芯时，互相呼应，不得将手放在合闸铁芯的底部。

(3) 紧固控制回路螺钉时，必须确认无电压后方可开始工作。

(4) 无油禁止快速分、合闸，必须充油后才能进行快速分、合闸操作。在快速分、合闸前，必须进行慢分、合的操作；在慢分、合的过程中应运动缓慢、平稳、不得有卡阻、滞留现象。

(5) 在调整、检修开关设备及传动装置时，必须有防止开关意外脱扣伤人的可靠措施，工作人员必须避开开关可动部分的动作空间。

2. 液压机构检修

主要安全隐患是：零件伤人、火灾、中毒。

(1) 作业人员不得面对喷口；充气前须检查确认充气管路密封良好，无损伤和缺陷。

(2) 拆装储压筒、电机等时作业人员应互相呼应，均匀用力；不得直接用手搬抬。

(3) 用油清洗时工作现场严禁吸烟、动明火。

(4) 将液压机构油压泄到零值。

(5) 严格禁止用嘴吸液压油。

(6) 设专人看管滤油机；低压交流电源应装有触电保安器；滤油机的外壳需可靠接地；滤油机电源开关的操作把手应绝缘良好。

(7) 检查应断二次回路是否断开。

(8) 工作现场油迹随时清理，防止人员滑跌。

(9) 为防止机构箱盖失控伤人，作业时应将机构箱门拆开或采取可靠的止动措施。

(10) 在调整、检修开关设备及传动装置时，必须有防止开关意外脱扣伤人的可靠措施，工作人员必须避开开关可动部分的动作空间。

(11) 装储压筒完毕后，应注入一定的液压油，并不得倒放，须立放。

3. 隔离开关检修

主要安全隐患是：触电、伤人、设备损坏。

(1) 在高压设备上工作，必须遵守下列各项规定：

1) 填用工作票或口头、电话命令；

2) 至少应有两人在一起工作；

3) 完成保证工作人员安全的组织措施和技术措施。

(2) 完成工作许可手续后，工作负责人（监护人）应向工作班组人员交代现场安全措施、带电部位和其他注意事项。工作负责人（监护人）必须始终在工作现场，对工作班组人员的安全认真监护，及时纠正违反安全的动作。

(3) 严禁工作人员在工作中移动或拆除遮栏、接地线和标示牌。

(4) 清扫检查时应注意避免工具伤及瓷件。

(5) 需使用安全带时，安全带的一端需系在牢固的部位，其长度能起到保护作用。

(6) 使用梯子作业，应符合《电力安全工作规程》的具体规定，梯子不得靠在支持瓷瓶上。

(7) 隔离开关瓷柱严禁攀登。

(8) 将操作机构闭锁。

(9) 如需隔离开关分、合闸时，作业人员应配合好，由检查人员发令。

(10) 如需拆下水平拉杆时，需采取防止隔离开关自由分闸的措施。

(11) 确认无电后方可开始工作。

(12) 检查人员和操作人员应配合好，由检查人员发令。

(13) 手脚不得放在接触触头和转动部位上。

(14) 检查和试验时，作业人员应暂停其他工作并不得触及被试设备。

4. SF_6 开关检修

主要安全隐患是：触电、坠物伤人、人员窒息。

(1) 做好施工前的准备工作，包括：设备、工器具、备品、备件运抵现场。

(2) 应在无风沙、无风雪的天气下进行，空气相对湿度应小于80%，并采取防尘、防潮措施。

(3) SF_6 气瓶应存放在防晒、防潮、通风良好的场所，不得靠近热源油污的地方，搬运时应轻装、轻放，严禁抛掷溜放。

(4) SF_6 气瓶不得与其他气瓶混放。

(5) 工作班组成员进入 SF_6 配电装置室，必须先通风 15 min，并用含氧量仪检测 O_2 含量。严禁一人进入 SF_6 配电装置室从事检修工作。

(6) 工作人员进入现场应戴安全帽，登高应系安全带。

(7) 开工前工作负责人应组织全班组人员学习施工措施，检查接地线、遮栏、标示牌是否设置正确、清楚，并向工作班组成员指明工作范围及周围带电设备。检查应断二次回路是否断开。

（8）上、下传递物件时严禁抛掷，以防砸伤设备及人员。

（9）在工作地点及设备区搬运工器具、材料时与带电设备保持足够的安全距离。

（10）起吊工作前应有专人指挥，起吊工器具应齐全合格，起吊设备时应轻吊轻放，防止损伤设备，并应认准位置，注意带电距离。

（11）对 SF_6 断路器、组合电气进行充气时，其容器及管道必须干燥，工作人员必须戴手套和口罩。人员应在上风口。

（12）做好施工后的验收工作。

十、交流维修电工安全作业要点

主要安全隐患是：电气设备及触电事故。

（1）线路上禁止带负荷接电或断电，电气设备检修、安装时，不准带电操作。遇特殊情况需要带电作业时，必须划出禁区，采取严格绝缘措施，在有经验的电工监护下进行。

（2）施工现场用电线路、电气设备必须遵照有关电气安全技术规程要求安装与架设。

（3）各线路不得超过额定容量进行，不可使用超过规定容量的熔丝和熔片。

（4）维修电气设备时，必须首先切断电源，取下熔断丝，挂上警示牌，经验电确认无电才能作业。通电试验外壳要接地，禁止他人靠近。

（5）在调试检修设备时，协同其他有关人员一起试车，严防电气、机械事故的发生。

（6）定期检查变压器、配电间、电动机的运转状况，并注意温度、油量、负荷变化，及时排除各种故障、隐患，要保持配电间清洁，注意防潮、防热、防尘、防火。

(7) 高空作业必须有人监护、系安全带，使用竹木梯要牢固平稳，角度适当，不准上下抛掷工具物品。

(8) 凡裸体带（荷）电的空架配电线路，在通过各种容易发生危险的地段，应挂有危险标牌，引人注意。

(9) 遇有异常雷雨时，特别要注意电气设备的用电安全，严防受潮漏电，必需时，应拉闸停电，确保安全。

(10) 发生电气设备和触电事故时，首先切断电源，然后进行抢救、抢修。要熟悉触电救护知识。

(11) 施工用电系统必须有保证灵敏可靠的两级及以上保护；施工用电与生活用电线路必须分开架设。

(12) 人工立杆或机械立杆均要在基坑夯实后，方准拆去叉木和拖拉绳。

(13) 杆上架线应侧向操作，并将夹紧螺栓拧紧，紧有角度的导线应在外侧作业。调整拉线时，杆上不得有人。

(14) 紧线用的钢丝绳，应能承受全部拉力，与导线的连接必须牢固，紧线时导线下方不得有人，单方向紧线时反方向应设有临时拉线。

(15) 外电架空线与脚手架等最小距离必须符合要求，如达不到要求必须进行封闭，并悬挂醒目警告牌。

(16) 施工现场配电箱要有防雨措施，门锁齐全，有色标，统一编号，开关箱要做到一机一闸一保险，箱内无杂物，开关箱、配电箱内严禁动力、照明混用。

(17) 认真做好施工现场线路的管理，确保施工安全。

十一、直流维修电工安全作业要点

存在的安全隐患有：伤人、设备损坏、触电、中毒、爆炸等。

1. 装配汽车电器线路

装配汽车电器线路，必须正确牢固，并配置电源总开关，接通整车电流后，蓄电池接线应无火花。

2. 检查电器性能

（1）变速箱放空挡；

（2）注意汽车周围不许有人；

（3）严禁无证驾驶发动汽车。

3. 蓄电池维修

（1）在检修蓄电池、配制电解液、充电时，应穿工作服、绝缘鞋、硅橡皮围裙，戴耐酸橡皮手套等防护用品，防止电解液内硫酸烧伤皮肤。

（2）配制电解液时，禁止用带有矿物质的水（如自来水、河水、井水等），应用蒸馏水。

（3）电解液配制时应注意顺序：先将蒸馏水倒入陶瓷缸或玻璃缸内后，再将浓硫酸徐徐倒入缸内，边倒边用玻璃棒或铝棒拌均匀，直至达到所需要的浓度为止。避免因操作失误而烧伤皮肤。

（4）刚配制好的电解液温度较高，不可立即灌入蓄电池内，待冷却后，方能加入。

（5）电解液加入后，应使蓄电池内部温度冷却到低于35℃以后，才可再按初次充电方式及普通充电方式进行充电。

（6）电瓶充电前，应检查蓄电池是否良好，规格容量是否相等。检查透气孔有否堵塞，如遇堵塞，应将透气孔疏通再行充电，以防充电时气体膨胀而发生操作事故。

(7) 仔细辨认充电设备输出的极性，接在蓄电池板上的充电夹子应接触牢固，无松动。

(8) 蓄电池间内严禁烟火，并装置防爆电器。充电设备及容器，必须保持完好、整齐，现场四周环境保持宽畅清洁，空气流通，并做好交接班手续。

第五节　电气防火防爆安全技术

一、电气火灾和爆炸基本知识

1. 引发电气火灾和爆炸的一般原因

引发电气火灾和爆炸要具备两个条件，即有易燃易爆的环境和引燃条件。

(1) 易燃易爆环境。在发电厂等的生产场所，广泛存在易燃易爆物质，许多地方潜伏着火灾和爆炸的可能性。

1) 煤场。火电厂和以煤为原料的化工厂消耗大量的原煤，其煤场存放大量的原煤，特别是在夏天，环境温度很高，容易引起燃煤火灾。

2) 输煤系统。火电厂和化工厂的输煤系统，沿途环境漏有大量原煤和堆积大量煤粉，这里容易引发煤粉火灾。

3) 制粉系统。制粉系统，特别是煤粉仓存有大量煤粉，容易引起煤粉火灾和爆炸。

4) 锅炉膛内有未燃尽的煤粉和可燃气体，炉膛检修时容易引起膛内爆炸。

5) 天然气罐和输气管道。有的火电厂和化工厂要消耗天然气，天然气容易引起火灾和爆炸。

6）油库及用油设备。发电厂和化工厂要消耗大量的原油、工业用油，如燃烧用油，汽轮机、变压器、油断路器用油。油库及存油场所均容易引起火灾和爆炸。

7）制氢站及氢气系统。发电机运行需用氢气冷却，合成氨厂主要是制备氢气，制氢站源源不断向发电机供应冷却用氢。氢气与氧气混合，当氢氧混合气体达到爆炸浓度时，遇明火会发生氢气爆炸。制氢站、输氢管道、发电机氢气系统都容易引起氢气爆炸。

8）其他。工厂大量使用电缆，电缆本身是由易燃绝缘材料制成的，故电缆沟、电夹层和电缆隧道容易发生电缆火灾；发电厂、变电所使用烘房、烘箱、电炉，还有乙炔发生站、氧气瓶库、化学药品库，这些地方也容易引起火灾。

（2）引燃条件。电气设备和电气系统在异常和事故情况下引起电气着火源是引发火灾和爆炸的引燃条件之一，电气着火源可由下述原因产生：

1）电气线路和电气设备过热。由于电气线路接触不良、电气线路和电气设备过载或短路、电气产品制造和检修质量不良、运行时铁芯损失过大、转动机械长期相互摩擦、电气设备通风散热条件恶化等原因都会使电气线路和电气设备整体或局部温度过高。上述原因产生的高温都会使易燃易爆物质温度升高，当易燃易爆物质达到其自燃温度时，便着火燃烧，引起电气火灾和爆炸。

2）电火花和电弧。电气线路和电气设备因绝缘损坏而发生短路（相间、接地）、电气线路和电气设备接头松脱、电气系统绝缘子闪络、电气系统过电压放电、运行中电机的电刷（发电机的电刷与滑环节、直流电机电刷与整流子间、交流绕线电机电刷与滑环间）、熔断器熔体熔断、断路器开合、继电器触头开闪、电焊等都会产生电火花和电弧，电火花和电弧可直接引燃易燃易爆物质，或电弧使金属熔化、飞溅间接引燃易燃易爆物质。

3）静电放电。两个不同性质的物体相互摩擦时，使两个物体带上极性相反的静电荷。处在静电场内的金属物体，会感应静电；施加电压后的绝缘体上会残留静电。带静电荷的导体或绝缘体当具有较高电位时，会使空气间隙击穿而产生火花放电，静电放电产生的电火花可能引燃可燃易燃物品或爆炸性气体混合物。

4）照明器具和电热设备使用不当。照明器具和电热设备使用不当也会引起电气火灾和爆炸。

2. 防止电气火灾和爆炸的一般措施

为防止电气火灾和爆炸的发生，应从以下几个方面采取措施：

（1）排除可燃易燃物质。为改善环境条件，排除可燃易爆物，应采取下列措施。

1）防止可燃易爆物质的泄漏。可燃易爆物质的“跑、冒、滴、漏”是火灾和爆炸发生的根源。为此，对存有可燃易爆物质的生产设备、容器、管道、阀门应加强密封，杜绝易燃易爆物质的泄漏，从而消除火灾和爆炸的事故隐患。

2）打扫环境卫生，保持良好通风。在有可燃易爆物的场所，经常打扫环境卫生，保持良好通风，不仅是美化、净化环境的需要，而且是防火防爆安全的重要措施之一。经常清扫有可能泄漏可燃易爆物质的场所、保持良好通风、清除爆炸混合物，把可燃易爆气体、蒸气、粉尘和纤维的浓度降到爆炸浓度以下，能达到有火不燃、有火不爆的效果。

（2）排除电气着火源。排除电气着火源就是消除或避免电气线路、电气设备在运行中产生电火花、电弧和高温。排除电气着火源的措施有以下几种：

1）排除电气线路产生着火源。在火灾和爆炸危险场所，电气线路必须满足下列规定：

①正常情况下能形成爆炸性混合物的场所内的所有电气线路及有剧烈振动的设备接线，均采用铜芯绝缘导线或电缆。

②各类线路导线截面应满足要求。正常情况下能形成爆炸性混合物的场所导线截面不小于 2.5 mm^2；正常情况下不能形成，而仅在不正常情况下能形成爆炸性混合物的场所导线截面不小于 1.5 mm^2；正常情况下不能形成，而仅在不正常情况下能形成爆炸性混合物以下各场所导线截面不小于 4 mm^2；所有的照明线路和正常情况下不能形成，而仅在不正常情况下能形成爆炸性混合物的场所的所有线路导线截面不小于 2.5 mm^2。

③在有爆炸危险的场所，移动式电气设备应采用中间无接头的橡皮软线供电。

④所有工作零线应与相线具有同等绝缘强度，并处于同一护套或管子中。

⑤所有绝缘导线或电缆的额定电压不得低于电网的额定电压，且不得低于 500 V。

⑥绝缘导线严禁明敷，均应穿钢管。当电缆明敷时，应采用铠装电缆。正常情况下不能形成，而仅在不正常情况下能形成爆炸性混合物的场所，及 1 000 V 及以下的电气线路，在有防止外界损伤的情况下允许采用非铠装电缆。

⑦在火灾危险场所，可采用非铠装电缆或钢管配线；在生产过程中凡不可能形成爆炸性混合物的悬浮状、堆积状可燃粉尘或可燃纤维，但能引起火灾危险的场所 500 V 以下的线路可采用硬塑料管配线。当远离可燃物时，可采用绝缘导线在针式绝缘子上敷设。

2）合理选用电气设备。根据危险场所的级别，合理选用电气设备类型，特别是在易燃易爆的危险场所应选用防爆型电气设备，这对防止火灾和爆炸具有重要意义，在易燃易爆危险场所，应尽量不用或少用携带式电气设备。

3）按规范安装危险场所的电气设备。可燃易爆危险场所电气设备的安装应严格密封、连接可靠，防止局部放电（接线盒内裸露带电部分之间、裸露带电部分与金属外壳之间应保持足够的电气间隙和漏电距离），防止局部过热（有隔热措施）。

4）保持电气设备与危险场所的安全距离。电气设备安装时，应选择合理位置，使电气设备与危险场所保持必要的安全距离。其要求如下：

①为了防止电火花或危险温度引起火灾，各类开关、插销、熔断器、电热器具、照明器具、电焊设备、电动机等均应根据需要，尽量避开易燃物质。

②室外变、配电装置与爆炸危险场所的建筑物、易燃可燃液体储气罐、液化石油气罐之间应保持必要的防火距离，必要时应加装防火隔墙。

③10 kV 及以下的变、配电所不应设置在有爆炸危险场所或火灾危险场所的正方或正下方。

④10 kV 及以下架空线路，严禁跨越火灾或爆炸危险场所。当线路与火灾爆炸危险场所接近时，其间水平距离一般不小于杆塔高度的 1.5 倍。

5）保持电气设备正常运行。保持电气设备正常运行，对于防火防爆有重要意义。为此，应加强设备的运行管理，防止设备过热过载运行，对设备应定期检修、试验，防止机械损伤和绝缘破坏造成设备短路。

6）电气设备可靠接地或接零。在可燃易爆危险场所，所有电气设备金属外壳必须可靠接地或接零，以便电气设备发生碰壳接地短路时能迅速切除着火源。接地或接零的具体要求如下：

①在爆炸危险场所，所有电气设备的金属外壳必须可靠接地或接零，并与金属管道、建筑物的金属结构连接成整体，以防止在金属导体间产生不同电位而引起放电。

②在爆炸危险场所，应使用专门的接地（或接零）线，不得利用金属管道、建筑物的金属构架、工作零线等作为专用的接地（或接零）线。

7）合理应用保护装置。在火灾和爆炸危险场所，除将电气设备可靠接地（或接零）外，还应有比较完善的保护装置、监测和报警装置，以便从技术上完善防火防爆措施。其具体要求如下：

①在火灾和爆炸危险场所，电气设备应装设短路、过载保护装置。过电流保护装置的动作电流在不影响电气设备正常工作的情况下，应尽量整定得小一些，以提高其动作的灵敏度。对于爆炸危险场所的单相线路，应安装双极开关，以便同时断开相线和零线。

②凡突然停电有引起火灾和爆炸危险的场所，必须有双电源供电，且双电源之间应装有自动切换联锁装置，当一路电源中断，可保持供电不中断。

③对有通风要求的爆炸危险场所，通风装置和其他设备间有联锁装置，当设备启动时，应先启动通风装置，后投入其他设备；停止工作时，应先切除工作设备，后断开通风设备。

④在火灾和爆炸危险场所，应装设自动检测装置，当危险场所内爆炸性混合物接近危险浓度时，发出信号或报警，以便工作人员及时采取措施，排除危险。

⑤必要时装设漏电保护装置，当漏电流达到动作电流时，该装置迅速切断电源。

⑥在爆炸危险场所，供电系统由中性点不接地系统供电时，该供电系统应装设绝缘监视装置，当该供电系统发生单相接地时，能发出接地信号，并迅速处理。

(3) 土建及消防防火防爆要求

1）电气用建筑采用耐火材料。如变电室、变压器室应满足耐火等级（分别为二级和一级），隔墙应用防火绝缘材料制成，门应用不可燃材料制成，且门应向外开。

2）充油设备间采用防火隔墙。充油设备之间应保持防火距离，当间距不能满足时，其间应设能耐火的防火隔墙。

3）充油设备装设储油和排油设施。为了防止充油设备发生火灾时火势的蔓延，对充油设备设置了储油和排油设施。根据充油设备充油量的大小，这些设施有：隔离板、防爆墙围成的间隔、防爆小间、挡油墙坎、储油池等。

4）生产现场设置消防设备。在容易引起火灾的场所且明显处安装灭火机和消防工具。

(4) 防止和消除静电火花

静电放电产生的火花是能引燃引爆着火源的，故应防止和消除静电放电，其措施如下：

1）控制静电的产生。摩擦和冲击会产生静电，因此，在生产中选择适当的工艺条件和操作方法，可以限制静电的产生。

①适当选配工艺设备和工具，以减少静电的产生和积累。如用导电性能好的材料作传动皮带；防止传动皮带打滑；以齿轮传动代替皮带传动以减小摩擦。

②限制流体流速和摩擦强度以限制静电荷的产生。如为了限制烃类燃油在管道内流动时产生静电，要求其流速与管径满足下式关系：

$$U^2D \leqslant 0.64$$

式中 U——燃油流速，m/s；

D——管径，m。

③减小物料的冲击和分裂。实验证明，人字形管口和45°斜管口造成的冲击和分裂比平管口小，产生的静电也少。

④消除油罐或管道内的杂质，可以减少附加静电。

2）采取静电接地。所谓静电接地是通过接地装置将静电荷泄入大地，以消除导体上的静电。

①静电感应导体的接地。当导体上的静电是由静电感应引起，如果只在导体的一端接地，则只能消除接地端的静电荷，而导体另一端的静电荷不能消除，为彻底消除导体上的感应静电，导体的两端应同时接地。如输油管道的两端均应接地。

②加工、储存、运输各类易燃易爆液体、气体、粉体的设备的接地。如运输汽油的油罐汽车，在行车过程中，汽车底盘上会产生高压静电，因此，底盘应通过金属链条将油罐与地面连通，以泄放静电荷。

③危险场所旋转机械的接地。如皮带轮、滚筒、电机等旋转机械，除机座接地外，其转轴应通过滑环电刷接地，且采用导电性润滑油。

④同一场所多个带静电金属物件的接地。同一场所两个及两个以上带静电的金属物件，除分别接地外，它们之间应作金属性等电位连接，以防止相互间存在电位差而放电。

3）采取静电屏蔽接地。静电屏蔽接地就是用金属丝或金属网在绝缘体上缠绕若干圈后再行接地。对于绝缘体上的静电，不能用导体直接与接地体相连接构成接地，而应采用 $10^6 \sim 10^8\ \Omega$ 的高电阻接地。绝缘体采用静电屏蔽接地后，其上的静电可以得到限制，防止绝缘体静电放电。

4）采用抗静电添加剂。抗静电添加剂是指具有良好吸湿性能和导电性能的化学药剂。如碱金属和碱土金属构成的盐类等。实验证明，在易起静电的材料中加入极微量的抗静电添加剂，可大大提高材料的静电泄放能力，消除产生静电的危险。

5）采用静电中和器。静电中和器（又称静电消除器）是借助静电中和器提供的电子和离子来中和物体上异号静电荷的设备。按照工作原理的不同，可分为感应式、高压式、离子流式和放射线式等类型的静电中和器。

6）提高空气湿度。随着工作环境相对湿度的增加，绝缘体的表面将结成一层薄薄的水膜，使绝缘体的表面电阻大为降低，从而加速静电的泄放，增湿的主要方法有：安装空调器、喷雾器或悬挂湿布等，从消除静电危害方面看，工作环境湿度在70％以上为好，当相对湿度低于30％时，可考虑增湿来消除静电积聚。

3. 电气火灾的扑灭

从灭火角度来看，电气火灾有两个显著特点：一是着火的电气设备可能带电，扑灭火灾时，若不注意，可能发生触电事故；二是有些电气设备充有大量的油，如电力变压器、油断路器、电动机启动装置等，发生火灾时，可能发生喷油甚至爆炸，造成火势蔓延，扩大火灾范围。因此，扑灭电气火灾必须根据其特点，采取适当措施进行扑救。

（1）切断电源。发生电气火灾时，首先设法切断着火部分的电源，切断电源时应注意下列事项：

1）切断电源时应使用绝缘工具操作。因发生火灾后，开关设备可能受潮或被烟熏，其绝缘强度大大降低，因此拉闸时应使用可靠的绝缘工具，防止操作中发生触电事故。

2）切断电源的地点要选择得当，防止切断电源后影响灭火工作。

3）要注意拉闸的顺序。对于高压设备，应先断开断路器，后拉开隔离开关，对于低压设备，应先断开磁力启动器，后拉开闸刀，以免引起弧光短路。

4）当剪断低压电源导线时，剪断位置应选在电源方向的支持绝缘子附近，以免断线线头下落造成触电伤人发生接地短路；剪断非同相导线时，应在不同部位剪断，以免造成人为短路。

5）如果线路带有负荷，应尽可能先切除负荷，再切断现场电源。

(2）断电灭火。在着火电气设备的电源切断后，扑灭电气火灾的注意事项如下：

1）灭火人员应尽可能站在上风侧进行灭火。

2）灭火时若发现有毒烟气（如电缆燃烧时），应戴防毒面具。

3）若灭火过程中，灭火人员身上着火，应就地打滚或撕脱衣服，不得用灭火机直接向灭火人员身上喷射，可用湿麻袋或湿棉被覆盖在灭火人员身上。

4）灭火过程中应防止全厂停电，以免给灭火带来困难。

5）灭火过程中，应防止上部空间可燃物着火落下危害人身和设备安全，在屋顶上灭火时，要防止坠落及坠入“火海”中。

6）室内着火时，切勿急于打开门窗，以防空气对流而加重火势。

(3）带电灭火。

在来不及断电，或由于生产等其他原因不允许断电的情况下，需要带电灭火。带电灭火时的注意事项如下：

1）根据火情适当选用灭火剂。由于未停电，应选用不导电的灭火剂。如喷粉灭火机使用的二氧化碳、四氯化碳、二氟一氯一溴甲烷（1211）、二氟二溴甲烷或干粉等灭火剂都是不导电的，可直接用来带电喷射灭火。泡沫灭火机使用的灭火剂有一定导电性，且对电气设备的绝缘有腐蚀作用，不宜用于带电灭火。

2）采用喷雾水枪灭火。用喷雾水枪带电灭火时，通过水柱的泄漏电流较小，比较安全。若用直流水枪灭火，通过水柱的泄漏电会威胁人身安全。为此，直流水枪的喷嘴应接地，灭火人员应戴绝缘手套、穿绝缘鞋或均压服。

3）灭火人员与带电体之间应保持必要的安全距离。用水灭火时，水枪喷嘴至带电体的距离为：110 kV 及以下不小于 3 m；220 kV 及以下不小于 5 m。用不导电灭火剂灭火时，喷嘴至带电体的最小距离为：10 kV 不小于 0.4 m；35 kV 不小于 0.6 m。

4）对高空设备灭火时，人体位置与带电体之间的仰角不得超过 45°，以防导线断路危及灭火人员人身安全。

5）若有带电导线落地，应划出一定的警戒区，防止灭火人员跨步电压触电。

二、电气设备的防火防爆

1. 电力变压器的防火防爆

（1）变压器的火灾及爆炸。电力变压器一般为油浸变压器，变压器油箱内充满变压器油，变压器油是一种闪点在 140℃以上的可燃液体。变压器的绕组一般采用 A 级绝缘，用棉纱、棉布、天然丝、纸及其类似的有机物作绕组的绝缘材料；变压器的铁芯用木块、纸板作为支架和衬垫，这些材料都是可燃物质。因此，变压器发生火灾、爆炸的危险性很大。当变压器内部发生短路放电时，高温电弧可能使变压器油迅速分解气化，在变压器油箱中形成很高的压力。当压力超过油箱的机械强度时，即产生爆炸，或分解出来的油气混合物与变压器油一起从变压器的防爆管大量喷出，可能造成火灾。

(2) 变压器发生火灾和爆炸的基本原因。

1) 绕组绝缘老化或损坏产生短路。变压器绕组的绝缘物是棉纱、棉布、纸等，如果受到过负荷发热或受到变压器油酸化腐蚀的作用，其绝缘性能将会发生老化变质，耐受电压能力下降，甚至失去绝缘作用；变压器制造、安装、检修也可能碰坏或损坏绕组绝缘。由于变压器绕组的绝缘老化或损坏，可能引起绕组匝间、层间短路，短路产生的电弧使绕组燃烧。同时，电弧分解变压器油产生的可燃气体与空气混合达到一定浓度，便形成爆炸混合物，遇火花便产生燃烧或爆炸。

2) 线圈接触不良产生高温或电火花。在变压器绕组的线圈与线圈之间、线圈端部与分接头之间、露出油面的接线头等处，如果连接不好，可能出现松动或断开而产生电火花或电弧；当分接头转换开关位置不正、接触不良时，都可能使接触电阻过大，发生局部过热而产生高温，使变压器油分解产生油气引起燃烧和爆炸。

3) 套管损坏爆裂起火。变压器引线套管漏水、渗油或长期积满油垢而发生闪络，电容套管制造不良、运行维护不当或运行年久，都使套管内的绝缘损坏、老化，产生绝缘击穿，产生高温使套管爆炸起火。

4) 变压器油老化变质引起闪络。变压器常年处于高温状态下运行，如果油中渗入水分、氧气、铁锈、灰尘和纤维等杂质时，会使变压器油逐渐老化变质，降低绝缘性能。当变压器绕组的绝缘也损坏变质时，便形成内部的电火花闪络或击穿绝缘，造成变压器爆炸起火。

5) 其他原因引起火灾和爆炸。变压器铁芯硅钢片之间的绝缘损坏；变压器周围堆积易燃物品出现外界火源；动物接近带电部分引起短路，以上诸因素均能引起变压器起火或爆炸。

(3) 预防变压器火灾和爆炸的措施。

1) 防火（防爆）技术措施。变压器防火（防爆）的技术措施如下：

①预防变压器绝缘击穿。预防绝缘击穿的措施如下：

a. 安装前的绝缘检查。变压器安装之前，必须检查绝缘，核对使用条件是否符合制造厂的规定。

b. 加强变压器的密封。不论变压器运输、存放、运行，其密封均应良好。为此，结合检修、检查各部密封情况，必要时作检漏试验，防止潮气及水分进入。

c. 彻底清理变压器内杂物。变压器安装、检修时，要防止焊渣、铜丝、铁等杂物进入变压器内，并彻底消除变压器内的焊渣、钢丝、铁、油泥等杂物，用合格的变压器油彻底冲洗。

d. 防止绝缘受损。变压器检修吊罩、吊芯时，应防止绝缘受损伤，特别是内部绝缘距离较为紧凑的变压器，勿使引线、线圈和支架受伤。

②预防铁芯多点接地及短路。为防止铁芯多点接地及短路，检查变压器时应测试下列项目：

a. 测试铁芯绝缘。通过测试，确定铁芯是否有多点接地，如有多点接地，应查明原因，消除后才能投入运行。

b. 测试穿芯螺钉绝缘。穿芯螺钉绝缘应良好，各部螺钉应紧固，防止螺钉掉下造成铁芯短路。

③预防套管闪络爆炸。套管应保持清洁，防止积垢闪络，检查套管引出线端子的发热情况，防止因接触不良或引线开焊过热引起套管爆炸。

④预防引线及分接开关事故。引线绝缘应完整无损，各引线焊

接良好；套管及分接开关的引线接头若发现有缺陷应及时处理；要去掉裸露引线上的毛刺和尖角，防止运行中发生放电；安装、检修分接开关时，应认真检查，分接开关应清洁，触头弹簧应良好，接触紧密，分接开关引线螺钉应紧固无断裂。

⑤加强油务管理和监督。对油应定期作预防性试验和色谱分析，防止变压器油劣化变质；变压器油尽可能避免与空气接触。

2）防火（防爆）常规措施。除了从技术角度防止变压器发生火灾和爆炸外还应做好变压器常规防火防爆工作，其措施如下：

①加强变压器的运行监视。运行中应特别注意引线、套管、油位、油色的检查和油温、声响的监视。发现异常，要认真分析、正确处理。

②保证变压器的保护装置可靠投入。变压器运行时，全套保护装置应能可靠投入，所配保护装置应动作准确无误，保护用直流电源应完好可靠，确保故障时，保护装置正确动作跳闸，防止事故扩大。

③保持变压器的良好通风。变压器的冷却通风装置应能可靠的投入和保持正常运行，以便保持运行温度不超过规定值。

④设置事故排油坑。室内、室外变压器均应设置事故排油坑，蓄油坑应保持良好状态。蓄油坑有足够厚度和符合要求的卵石层。蓄油坑的排油管道应通畅，应能迅速将油排出（如排入事故至储油池），不得将油排入电缆沟。变压器的事故排油坑管理是常被人疏忽且不易看重的安全问题。有的单位多年不检查，卵石不清理，甚至排油道被脏物堵塞，排油坑积满了水，事故时起不到排油的作用。应提请有关人员注意排油坑的管理。

⑤建防火隔墙或防火防爆建筑。室外变压器周围应设围墙或栅栏，若相邻间距太小，应建防火隔墙，以防火灾蔓延；室内变压器

应安装在有耐火、防爆的建筑物内，并设有防爆铁门。室内一室一台变压器，且室内应通风散热良好。

⑥设置消防设备。大型变压器周围应设置适当的消防设备。如水雾灭火装置和“1211”灭火机，室内可采用自动或遥控水雾灭火装置。

2. 电动机的防火

（1）电动机起火原因。

电动机运行中起火有下述几种原因：

1）电动机短路故障。电动机定子绕组发生相间、匝间短路或对地绝缘击穿，引起绝缘燃烧起火。

2）电动机过负荷。电动机长期过负荷运行，被拖动机械负荷过大及机械卡住使电动机停转过电流，引起定子绕组过热而起火。

3）电源电压太低或太高。电动机启动时，若电源电压太低，则启动转矩小，使电动机启动时间长或不能启动，引起电动机定子电流增大，绕组过热而起火；运行中的电动机，若电源电压太低，电动机转矩变小而机械负荷不变，则引起定子过流，使绕组过热而起火；若电源电压大幅下降，则运行中的电动机停转而烧毁；若电源电压过高，磁路高度饱和，激磁电流急剧上升，使铁芯严重发热引起电动机起火。

4）电动机缺相运行。电动机运行中一相断线或一相熔断器熔断，造成缺相运行（即两相运行），引起定子绕组过载发热起火。

5）电动机启动时间长或短时间内连续多次启动，定子绕组温度急剧上升，引起绕组过热起火。

6）电动机轴承润滑油不足或润滑油脏污，使轴承损坏卡住转子，导致定子电流增大，使定子绕组过热起火。

7）电动机吸入纤维、粉尘而堵塞风道，热量不能排放，或转子与静子摩擦，引起绕组温度升高起火。

8）接线端子接触电阻过大产生高温，或接头松动产生电火花起火。

（2）电动机的防火措施。

1）根据电动机的工作环境，对电动机进行防潮、防腐、防尘、防爆处理，安装时要符合防火要求。

2）电动机周围不得堆放杂物，电动机及其启动装置与可燃物之间应保持适当距离，以免引起火灾。

3）检修后及停电超过 7 天以上的电动机，启动前应测量其绝缘电阻是否合格，以防投入运行后，因绝缘受潮发生相间短路或对地击穿而烧坏电动机。

4）电动机启动应严格执行规定的启动次数和启动间隔时间，尽量少启动；避免频繁启动，以免使定子绕组积累过热起火。

5）加强运行监视。电动机运行时，应监视电动机的电流、电压不超过允许范围；监视电动机的温度、声音、振动、轴转动正常，无焦臭味；电动机冷却系统应正常。防止上述因素出现引起电动机运行起火。

6）发现电动机缺相运行，应立即切断电源，防止电动机缺相运行过载发热起火。

7）电动机一旦起火，应立即切断电源，用电气设备专用灭火机进行灭火。如二氧化碳、四氯化碳、“1211”灭火机或蒸汽灭火。一般不用干粉灭火机灭火。若使用干粉灭火机灭火时，要注意不使粉尘落入轴承内，必要时可用消防水喷射成雾状灭火，禁止将大股水注入电动机内。

3. 电压断路器的防火防爆

（1）高压断路器发生爆炸起火的原因。

1）断路容量不满足要求。例如，由于设计不周，断路器的断流容量太小；由于电网的发展，系统断路容量的增大，原有断路器的断流容量不能满足要求；断路器制造质量低劣，不能满足产品铭牌参数要求。由于上述原因，当发生短路时，断路器不能切断短路电流，引起断路器爆炸起火。

2）检修质量不满足要求。如检修中随意改变分、合闸速度，随意改变断路器的燃弧距离（灭弧室至静触头间的距离），均会使断路器的断流容量降低。

3）运行操作及维护不当。如断路器多次切断短路电流后，按规定未及时安排检修；断路器自动跳闸后，运行人员错误地多次强送电，使断路器多次受短路电流冲击。这些均会使断路器断流能力降低，并由此造成断路器爆炸起火。

4）运行油位过高。油断路器运行油位过高，使断路器油面以上的缓冲空间减少，当油路器断开短路电流时，由于缓冲空间减少，切断电弧产生的高压油气混合体可能冲出缓冲空间，形成断路器喷油，甚至引起火灾；另外，由于缓冲空间的减少，高压油气混合气体排入缓冲空间后，使缓冲空间的压力增高，如果此压力超过缓冲空间容器的极限强度，断路器可能发生爆炸。

5）运行油位过低。油断路器运行油位过低，影响其灭弧性能。当切断电弧时，由于油位过低，冷却电弧的油道路径变短，对电弧的冷却效果差，致使断弧时间延长或电弧难于熄灭。其结果可能使弧光冲出油面进入缓冲空间，油被电弧分解出的可燃气体也进入缓冲空间与空气混合，混合气体在电弧作用下可能引起燃烧爆炸；如果油位过低，则断路器的触头可能未浸泡在油中，触头断开时未能熄灭电弧，这也会产生燃烧和爆炸。

6）绝缘油不纯。如油断路器的油大量游离碳化，大量老化，油内进潮、进水。由于油质不纯，使断路器内部发生闪络并导致爆炸。

7）液压或气压太低。采用液压操作机构的油断路器、气体灭弧（空气、SF_6）断路器，由于操作机构的液压太低，断路器分、合闸时，会造成慢分、慢合，慢分、慢合会使触头间产生的电弧不易熄灭而引起断路器爆炸；当空气断路器、SF_6 断路器的气体灭弧介质压力太低时，断路器的灭弧能力降低，甚至不能熄灭电弧，从而引起断路器爆炸。所以，采用液压操作机构的油断路器、气体灭弧断路器都装有液压和气体压力闭锁装置，当液压、气压过度降低时，都会将断路器闭锁在原来的位置上。

（2）断路器的防火防爆措施。

1）断路容量必须满足要求。断路器的断流量应大于通断回路的短路容量，当主电网中的断路器因主电网容量的增大而使断路容量不能满足要求时，应将新建电厂接入更高一级电压的主电网。

2）严格安装前的检查。安装前对断路器应进行严格的检查，其性能指标应符合技术要求。

3）加强运行维护与管理。断路器运行时，应做好巡视检查工作，严密监视油断路器的油色、油位、油温，必要时补、放油和取油样化验；严密监视液压操作机构的液压和气体灭弧介质的气压，监视闭锁行程开关的状况，发现异常及时处理；做好断路器正常操作和故障跳闸次数的统计，以便安排检修时间。

4）定期检修，保证检修质量。根据断路器运行缺陷记录、正常操作次数和切断故障电流次数，定期或临时安排检修，以保证断路器正常运行。检修时应严格检修工艺，保证检修质量，对发现的缺陷一一处理。如检查触头烧伤、灭弧室烧伤的情况、油箱和套管的渗漏油、绝缘套管裂纹的处理、套管的清洁等。

5）定期作绝缘试验。对断路器的绝缘油、气体介质定期取样化验和作绝缘试验，定期对断路器本体作耐压、泄漏及操作试验，特别是雷雨季节前的预防性试验。

6）做好断路器防潮、防漏、防污染工作。由前文分析可知，断路器进水、进潮是断路器爆炸的重要原因之一。因此，应加强断路器的密封，加装防雨帽，防止潮气和水分进入；断路器漏油也会导致断路器爆炸，应加强密封圈的检查，注意密封圈的老化、变形，使用合格密封圈；绝缘套管应经常保持清洁，清除灰尘和油垢，防止套管因污染放电爆炸。

4. 电力电缆的防火防爆

发电厂、变电站及工矿企业都大量使用电力电缆，一旦电缆起火爆炸，将会引起严重火灾和停电事故，此外，电缆燃烧时产生大量浓烟和毒气，不仅污染环境，而且危及人的生命安全。为此，应注意电力电缆的防火防爆。

（1）电缆爆炸起火的原因。电力电缆的绝缘层是由纸、油、麻、橡胶、塑料、沥青等各种可燃物质组成，因此，电缆具有起火爆炸的可能性。导致电缆起火爆炸的原因如下：

1）绝缘损坏引起短路故障。电力电缆的保护铅皮在敷设时被损坏或在运行中电缆绝缘受机械损伤，引起电缆相间或铅皮间的绝缘击穿，产生的电弧使绝缘材料及电缆外保护层材料燃烧起火。

2）电缆长时间过载运行。由于长时间的过载运行，电缆绝缘材料的运行温度超过正常发热的最高允许温度，使电缆的绝缘老化干枯。这种绝缘老化干枯的现象，通常发生在整个电缆线路上。电缆绝缘老化干枯，使绝缘材料失去或降低绝缘性能和机械性能，因而容易发生击穿着火燃烧，甚至沿电缆整个长度多处同时发生燃烧起火。

3）油浸电缆因高差发生滴、漏油。当油浸电缆敷设高差较大时，可能发生电缆滴油现象。滴流的结果使电缆上部由于油的流失而干枯，这部分电缆的热阻增加，使纸绝缘焦化而提前击穿。另外，由于上部的油向下滴，在上部电缆头处腾出空间并产生负压力，使电缆易于吸收潮气而使端部受潮。电缆下部由于油的积聚而产生很大的静压力，促使电缆头漏油。电缆受潮及漏油都增大了发生故障起火的概率。

4）中间接头盒绝缘击穿。电缆接头盒的中间接头因压接不紧、焊接不牢或接头材料选择不当，运行中接头氧化、发热、流胶；在做电缆中间接头时，灌注在中间接头盒内的绝缘剂质量不符合要求，灌注绝缘剂时，盒内存有气孔及电缆盒密封不良、损坏而漏入潮气，以上因素均能引起绝缘击穿，形成短路，使电缆爆炸起火。

5）电缆头燃烧。由于电缆头表面受潮积污，电缆头瓷套管破裂及引出线相间距离过小，导致闪络着火，引起电缆头表层绝缘和引出线绝缘燃烧。

6）外界火源和热源导致电缆火灾。如油系统的火灾蔓延，油断路器爆炸火灾的蔓延，锅炉制粉系统或输煤系统煤粉自燃、高温蒸汽管道的烘烤、酸性的化学腐蚀、电焊火花及其他火种，都可使电缆产生火灾。

（2）电缆火灾的扑救方法。电缆一旦着火，应采用下列方法扑灭。

1）切断起火电缆电源。电缆着火燃烧，无论何种原因引起，都应立即切断电源，然后，根据电缆所经过的路径和特征，认真检查，找出电缆的故障点，同时应迅速组织人员进行扑救。

2）电缆沟内起火非故障电缆电源的切断。当电缆沟中的电缆起火燃烧时，如果与其同沟并排敷设的电缆有明显的着火可能性，则应将这些电缆的电源切断。电缆若是分层排列，则首先将起火电缆上面的受热电缆电源切断，然后将与起火电缆并排的电缆电源切断，最后将起火电缆下面的电缆电源切断。

3）关闭电缆沟隔火门或堵死电缆沟两端。当电缆沟内的电缆起火时，为了避免空气流通，以利迅速灭火，应将电缆沟的隔火门关闭或将两端堵死，采用窒息的方法灭火。

4）做好扑灭电缆火灾时的人身防护。由于电缆起火燃烧会产生大量的浓烟和毒气，扑灭电缆火灾时，扑救人员应戴防毒面具。为了防止扑救过程中的人身触电，扑救人员还应戴橡皮手套和穿上绝缘靴，若发现高压电缆一相接地，扑救人员应遵守：室内不得进入距故障点 4 m 以内，室外不得进入距故障点 8 m 以内，以免跨步电压及接触电压伤人。救护受伤人员不在此限，但应采取防护措施。

5）扑灭电缆火灾采用的灭火器材。扑灭电缆火灾应采用灭火机灭火，如干粉灭火机、“1211”灭火机、二氧化碳灭火机等；也可使用干沙或黄土覆盖；如果用水灭火，最好使用喷雾水枪；若火势猛烈，又不可能采用其他方式扑救，待电源切断后，可向电缆沟内灌水，用水将故障封住灭火。

6）扑救电缆火灾时，禁止用手直接触摸电缆钢铠和移动电缆。

（3）电缆防火措施。为了防止电缆火灾事故的发生，应采取以下预防措施：

1）选用满足热稳定要求的电缆。选用的电缆，在正常情况下，能满足长期额定负荷的发热要求，在短路情况下，能满足短时热稳定，避免电缆过热起火。

2）防止运行过负荷。电缆带负荷运行时，一般不超过额定负荷运行，若过负荷运行，应严格控制电缆的过负荷运行时间，以免过负荷发热使电缆起火。

3）遵守电缆敷设的有关规定。电缆敷设时应尽量远离热源，避免与蒸汽管道平行或交叉布置。若平行或交叉，应保持规定的距离，并采取隔热措施，禁止电缆全线平行敷设在热管道的上边或下边；在有些管道的隧道或沟内，一般避免敷设电缆，若需敷设，应采取隔热措施；架空敷设的电缆，尤其是塑料、橡胶电缆，应有防止热管道等热影响的隔热措施；电缆敷设时，电缆之间、电缆与热力管道及其他管道之间，电缆与道路、铁路、建筑物等之间平行或交叉的距离应满足规程的规定；此外，电缆敷设应留有波形余度，以防冬季电缆停止运行收缩产生过大拉力而损坏电缆绝缘。电缆转弯应保证最小的曲率半径，以防过度弯曲而损坏电缆绝缘；电缆隧道中应避免有接头，因电缆接头是电缆中绝缘最薄弱的地方，接头处容易发生电缆短路故障，当必须在隧道中安装中间接头时，应用耐火隔板将其与其他电缆隔开。

4）定期巡视检查。对电力电缆应定期巡视检查，定期测量电缆沟中的空气温度和电缆温度，特别是应做好大容量电力电缆和电缆接头盒温度的记录。通过检查及时发现并处理缺陷。

5）严密封闭电缆孔、洞和设置防火门及隔墙。为了防止电缆火灾，必须将所有穿越墙壁、楼板、竖井、电缆沟而进入控制室、电缆夹层、控制柜、仪表柜、开关柜等处的电缆孔洞进行严密封闭（封闭应严密、平整、美观，不能损伤电缆）。对较长的电缆隧道及其分叉道口应设置防火隔墙及隔火门。在正常情况下，电缆沟或洞上的门应关闭，这样，电缆一旦起火，可以隔离或限制燃烧范围，防止火势蔓延。

6）剥去非直埋电缆外表黄麻外护层。直埋电缆外表有一层浸沥青之类的黄麻保护层，对直埋地中的电缆有保护作用。当直埋电缆进入电缆沟、隧道、竖井中时，其外表浸沥青之类的黄麻保护层应剥去，以减小火灾扩大的危险。同时，电缆沟上面的盖板应盖好，且盖板完整、坚固、电焊火渣不易掉入，以减少发生电缆火灾的可能性。

7）保持电缆隧道的清洁和适当通风。电缆隧道或沟道内应保持清洁，不许堆放垃圾和杂物，隧道及沟内的积水和积油应及时消除；在正常运行的情况下，电缆隧道和沟道应有适当的通风。

8）保持电缆隧道或沟道有良好照明。电缆隧道或沟道内的照明要保持良好状态，对需要上下的隧道和沟道口备有专用的梯子，此便于运行检查和电缆火灾的扑救。

9）防止火种进入电缆沟内。在电缆附近进行明火作业时，应采取措施防止火种进入沟内。

10）定期进行检修和试验。按规程规定及电缆运行实际情况，对电缆应定期进行检修和试验，以便及时处理缺陷和发现潜在故障，保证电缆安全运行和避免电缆火灾的发生。当进入电缆隧道或沟道内进行检修、试验工作时，应遵守《电力安全工作规程》的有关规定。

5. 电气线路的防火措施

(1) 架空线路的防火措施。架空线路是在空中输送电能的，电杆和电线是线路中的主要部件。电杆倒折、电线断落或弧垂过大，易发生线路的短路，出现电火花、电弧。如果故障点周围或下面有可燃物，则可能引起火灾事故。因此，对架空线路有如下要求：

1）架空线路不得跨越易燃易爆物品仓库、有爆炸危险的场所、可燃助燃气体储罐和易燃材料堆场等。

2）当架空配电线路与这些有爆炸燃烧危险的设施距离较近时，必须保持不小于电杆高的 1.5 倍间距。35 kV 以上的电力架空线与储量超过 200 m^3 的液化石油气单罐的水平距离不应小于 40 m，以防止发生倒杆断线事故时，导线松弛，风吹摇摆相碰而产生的电弧融熔物落到可燃易燃物上，引起燃烧和火灾。

（2）室内布线的防火措施。

1）室内布线所使用导线的耐压等级应高于线路的工作电压；其绝缘层应符合线路安装方式和敷设环境条件，截面的安全电流应大于用电过负荷电流和机械强度的需求。

2）根据使用环境选择导线的类型。一般场所可采用一般绝缘导线，特殊场所应采用特殊绝缘导线。如干燥无尘的场所可采用一般绝缘导线；潮湿场所应采用有保护层的绝缘导线；或在钢管内或塑料管内敷设普通绝缘线；在有可燃粉尘和可燃纤维较多的场所，应采用有保护层的绝缘导线；有腐蚀性气体的场所，可采用铅包线、管子线（钢管涂耐酸漆）、硬塑料管线；高温场所应采用以石棉、瓷管、云母等作为绝缘层的阻燃线；经常移动的电气设备，应采用软线或软电缆。

3）由于三、四级耐火等级建筑物的闷顶内可燃建筑构件较多，有的还有易燃的保温材料，发生火灾时火势会迅速蔓延扩大。平时对闷顶内的线路进行维护管理不方便，所以在闷顶内布线时要用金属管保护。

4）应尽量避免沿温度较高的管道或设备的表面敷设绝缘导线。如在这些物体的表面敷设导线时，宜采用耐热线。在用可燃材料装修的场所的电气线路，应穿金属管或阻燃塑料管，安装有困难时，可采用有金属保护层的绝缘导线。

6. 电焊的防火措施

（1）进行焊接作业，应严格执行用火审批制度，需经本单位安全部门及有关人员同意后，方可在规定的时间和地点进行焊接。

（2）焊接操作必须由经过培训并有上岗证的人员进行，并对其加强思想教育和消防专业知识的培训教育，提高警惕、重视安全。

(3) 焊接操作应选择在安全地点进行，要与易燃易爆仓库、油罐、气柜、堆垛等保持一定的安全距离；尽量远离正在生产易燃易爆产品的设备、装置、容器和管道，在存在火灾、爆炸危险场所内，一般不进行电焊作业；需要检修的设备应拆卸至安全地点修理；必须在火灾、危险场所内进行电焊作业时，应严格执行防火制度。

(4) 盛装过汽油、煤油、苯及其他易燃液体的桶和罐，在对其焊接之前，要认真进行处理；对积存可燃气体和蒸气的管沟、深坑、下水道内及其周围，在没有消除危险之前，不能进行焊接作业；在空心间壁墙、临时简易建筑、简易仓库、有可燃建筑构件的顶棚内和可燃易燃物质堆垛附近，不宜进行焊割作业。

(5) 焊接工具必须安全良好。电焊机和电源线的绝缘要可靠，导线要有足够的截面，并安装符合要求的熔件。电焊破损时，应及时处理更换，以防发生事故。

(6) 电焊与气焊如在同一地点操作时，电焊的导线与气焊的管线不可敷设在一起，应保持 10 m 以上的距离，以免互相影响发生危险。

(7) 不能利用与易燃易爆生产设备有联系的金属构件作为电焊地线，如输油和输气管线等，以防止在电气通路不良的地方产生高温或电火花，引起着火或爆炸。

(8) 当需要检修输送和储存易燃液体及可燃气体的管道设备与其他不停止运转的设备互相连通时，应将相连的管道拆除或加死堵隔绝，防止易燃液体和可燃气体窜入检修的设备和管道内，以免在点火时发生爆炸或燃烧。进行作业时应备有干粉灭火机或其他简易灭火工具。最好将检修的管道拆卸到安全地点进行焊接修理。

(9) 焊接和切割后要特别注意对安全设施的检查，及时检查焊接质量是否达到了技术要求。同时要清除现场上的火种、关闭电源、对焊工所穿的衣服要进行检查，看是否有隐燃等。

7. 蓄电池室防火防爆

酸性蓄电池充电时，其电解液会分解出大量的氢气，正常运行时也会产生一些氢气。酸性蓄电池电解液分解出的氢气与空气中的氧气混合，当氢氧混合物浓度达到爆炸极限时，一旦遇明火或火星就会发生爆炸。因此，装有铅酸蓄电池组的发电厂和变电站，应注意铅酸蓄电池的防火防爆。

由于铅酸蓄电池氢气的排出又带出一部分硫酸蒸气和飞沫，硫酸蒸气和飞沫具有很强的腐蚀性，不仅影响工作人员的身体健康，当沉积在室内的墙壁天花板、金属结构、支架、窗户及门上时，将造成腐蚀。因此铅酸蓄电池室还应采取相应的防腐蚀措施。

铅酸蓄电池室防火防爆及防腐蚀的措施如下：

（1）加强蓄电池室的通风。为了防止蓄电池室内积存有爆炸性危险的氢气和有害的硫酸蒸气，在室内应设置足够的通风设施，使蓄电池室内氢气含量不致达到爆炸危险的程度，酸气的含量也不致对工作人员的健康产生有害的影响。通风装置应能将上述气体抽出，同时，能补充干净的空气。通风机的容量可按下式计算：

$$V = 0.07\,IN\ (\mathrm{m^3/h})$$

式中 I——蓄电池的最大充电电流，A；

N——蓄电池组的电池个数。

（2）防止蓄电池室死角的有害气体未排出。由于硫酸蒸气比空气重，大部分积聚在室内靠近地面；氢气比空气轻，大都积聚在室内天花板下面。因此，抽气通风系统应能同时从室内的上部和下部抽气；蓄电池室的天花板应不透气，当天花板被楼板的大梁分成数段室挡时，在梁与梁间的空挡处易积有氢气，因此，每挡都要有通风机，以便排除空挡上部积存的氢气。

(3) 蓄电池通风筒应独立且高出屋顶。为了防止腐蚀及爆炸，蓄电池室排出的气体应通过独立的风筒排到大气中，不应与锅炉、烟道或烟囱相连。通风筒应高出建筑屋顶 1.5 m 以上，以防硫酸沉积和腐蚀屋顶。此外，通风筒还应装设防雨、防雪设备。

(4) 室内采用防爆电器。为了防止电火花引起爆炸，蓄电池室内应采用防爆电器。如电气开关、插销、插座、熔断器等均应是不产生电火花的防爆电器。蓄电池室内的照明应使用防爆灯，其结构应保证在灯泡碎裂或灯具内发生电火花时，碎片和电火花只局限在外层密闭的玻璃保护罩内。照明灯线应采用铅皮线并且暗敷设。

(5) 其他措施。蓄电池室内应保持干净明亮；室内窗户使用毛玻璃或玻璃上涂上白漆，以防太阳直射引起蓄电池发热；蓄电池室的大门上及室内应挂“禁止烟火”的警告标示；室内设有水龙头及冲洗盒等。

第三章 电力企业安全生产常见违章及事故防范

第一节 违章表现与预防指导

本节讲述的违章表现是电力企业日常工作较易出现的违章行为，从业人员必须加以重视和防范。

一、常见违章表现

1. 送电专业

在送电作业方面，相关从业者要认真学习，要避免“不登错杆就没事”的粗略论断，要做到安全防范细致全面。

在送电方面容易发生的违章表现为：

(1) 装设接地线前不验电或验电后不在已停电的设备上按规定位置和程序挂地线。

(2) 工作负责人（监护人）监护时离岗或监护不认真。

(3) 工作负责人离开现场没有指派临时负责人。

(4) 工作票交底签字人员不全或不是本人签字。

(5) 同杆（塔）并架双回线路其中一回线带电、一回线停电检修，登杆塔前不核对线路名称、色标和方位，不戴袖标，不设专人监护。

(6) 使用不合格或过期未试验的安全工器具。

(7) 砍伐靠近带电线路的树木前没有采取可靠的防范措施。

(8) 在静电电压较高的设备上工作，没有采取防静电的安全措施。

(9) 登杆塔作业接触架空地线或在架空地线上作业不挂接地线。

(10) 使用非专业绝缘绳索测量带电线路的垂直距离。

(11) 不按规程要求松、紧导地线。

(12) 高空作业不系安全带或将安全带系在不牢固、易割伤安全带的构件上。

(13) 登杆塔前不检查脚钉、爬梯、杆根是否牢固。

(14) 架、撤导线作业跨越公路、铁路时，不采取可靠措施，没有派专人看守。

(15) 登杆检查失去监护。

(16) 设备巡视中漏项、漏杆塔。

(17) 在防火区内无票或未按规定采取措施动火，在防火区内吸烟。

(18) 载人货车高栏后部无加固拉绳或客货混载。

(19) 未得到开始工作命令即开始工作。

(20) 工作负责人工作前不宣读工作票，不进行提问，工作票不带到现场。工作班组成员没有得到工作负责人开始工作命令提前开始工作。

(21) 测接地电阻或拆除接地线不戴绝缘手套。

2. 变电运行

在变电运行方面，相关从业者要学会用军事化作风管理自己。变电运行岗位常和调度、检修、自动化、通信等班组打交道，没有合格的作风，就没有到位、谨慎、有序的运行管理，也难以达到不会出现安全防范的漏洞。在变电运行方面容易发生的违章表现为：

（1）大型作业前全体人员没有学习安全措施，不了解危险点及其控制措施。

（2）不按规定填写、办理工作票。

（3）运行人员没有制止未办理许可手续的工作人员进入现场。

（4）工作间断不收回工作票，复工时不交代工作现场。

（5）工作现场安全措施布置不完善。

（6）外来人员在变电所设备区域工作，运行人员不监护。

（7）在主控制室或现场、高压室吸烟。

（8）检修人员擅自扩大工作范围，运行人员不予制止。

（9）值班离岗或做与工作无关的事。

（10）无票操作。

（11）操作前不预演、不核对模拟图板，模拟图板位置与实际不符。

（12）操作中跳项、换项。

（13）不按规定保管和使用安全工器具。

（14）擅自拆除安全设施、标志牌。

（15）擅自拆除防小动物挡板。

（16）雷雨天气巡视设备不穿绝缘靴。

（17）万用钥匙不按规定保管、使用并做好记录。

（18）不按规定路线巡视设备，巡视设备不到位。

（19）交接班时有遗漏内容。

3. 变电检修

在变电检修方面容易发生的违章表现为：

（1）工作班组人员未办理工作许可手续擅自进入作业现场。

（2）工作开始前工作责任人不组织工作班组人员列队宣读工作

票，不详细交代现场安全措施、危险点及控制措施和注意事项。或交代时人员不齐，后到人员未经现场交代就参加作业。

(3) 工作班组人员不了解工作现场危险点部位及控制措施盲目作业。

(4) 邻近带电设备作业或工作中有危险，工作责任人（监护人）参与工作组作业，现场失去专职监护。

(5) 分组作业小组不设监护人。

(6) 监护人因事离开工作现场不设临时监护人。

(7) 单人在设备场区或高压室内从事检修工作。

(8) 工作间断后重新工作，班组人员不在工作责任人带领下重新检查现场安全防护措施而擅自进入现场作业。

(9) 不经运行人员允许，擅自变更现场安全措施，变更接地线位置。

(10) 移动或跨、钻越临时安全围栏。

(11) 超越现场安全措施范围进入其他间隔或运行设备区域作业。

(12) 当日收工不交工作票，次日开工不经运行值班人员允许就进入作业现场工作。

(13) 短时间小缺陷处理不开工作票。

(14) 未经运行人员允许接装临时电源。使用手提电动工具时无漏电保护器。

4. 配电专业

电力事故率的高低不在于设备的电压等级高低，即使是居民用电，不遵守安全规律，也一样出事故。不要因为电压等级低，就放松警惕。其实，在一定程度上讲，越是容易使人放松警惕的作业场所和工作任务，其危险系数就越高。在配电方面容易发生的违章表现为：

（1）变台上作业不系安全带。

（2）低压线路作业只拉低压刀闸不拉高压开关。

（3）高空作业工具材料不用绳索传递，上下抛掷。

（4）工作前不列队宣读工作票，不提问。

（5）工作票交代危险点不签名或别人代替签名。

（6）不按工作票所列杆塔号和方向挂接地线。

（7）只挂首端地线就开始工作。

（8）不按规程规定挂、拆接地线。

（9）测接地电阻拆开接地线时不戴绝缘手套。

（10）变台停电不执行变台程序票，线路开关停电不执行倒闸操作票。

（11）变台停电作业不对电容器放电。

（12）变台停电作业不验电、不挂接地线。

（13）有用户自备电源的低压线工作不挂接地线。

（14）单人值班，单人修理。

（15）值班前、上班前、值班中或在工作场所饮酒。

（16）放紧线施工中，跨越电力线路虽然停电但不验电挂接地线。

（17）简单作业不执行工作票和配、变电站作业票。

（18）拆除接地线后又上杆塔和导线上作业。

（19）在树上砍树时不系安全带，砍伐带电线路附近树木时无可靠措施。

（20）杆根回填未稳或未采取防倾措施就登杆。

（21）登杆前不检查杆根。

5. 发电专业

电厂是军事化管理程度较高的场所，其安全防范工作相对来说，比供电企业复杂，安全技术难度也较高，从业者要严格遵守相关规定，从一点一滴做起，形成好的安全习惯，尽快、迅速适应军事化管理的氛围，以合格的技术能力完成安全工作任务。在发电方面容易发生的违章表现为：

（1）该加盖盖板之处，不加盖盖板。

（2）接触高温物体工作，不穿专用防护服。

（3）接触高温物体工作，不戴防护手套。

（4）在机器转动时装拆或校正皮带，或在机器未停止前，进行修理工作，或在机器运行中润滑转动部位或清理、擦拭转动部位。

（5）翻越栏杆，在运行的设备上行走或坐立，或使用爬梯不注意逐档检查。

（6）使用有缺陷的大锤作业，或凿击坚硬、脆性物体时，不戴防护眼镜。

（7）使用没有防护罩的砂轮研磨，或在有可能突然下落的设备下面工作。

（8）不熟悉安全工器具的使用方法，擅自使用。

（9）在机车驶近时抢过铁道，或在车辆下面、两节车厢的中间穿行。

（10）不能及时消除煤堆形成的陡坡，或者卸煤工从车厢上直接跳下。

（11）用吊斗、抓斗运载作业人员和工具，或者在卷扬设备运行时跨越钢丝绳，或者把手伸入输煤皮带遮栏内加油，或者在运行时，用钳清理皮带滚筒上粘的煤。

（12）穿钉有铁掌的鞋子进入油区，或用箍有铁套的胶皮管卸油，或不对易燃易爆物品隔绝即从事电、气焊作业。

(13) 除焦时用身体顶着工具，或出灰时不按规定着装，或站在装满灰渣车的近处浇水，或在制粉设备附近吸烟。

(14) 随意进入井下或沟内工作，或站在水池隔墙下边工作，或擅自检修带压力的管道，或用手指伸入螺钉孔内触摸，或用捻缝和打卡子的方式消除瓦斯管道的不严密处。

(15) 用燃烧的火柴投入地下室内作检查，或用肩扛、背驮或怀抱的方法搬运危险品，或将酸洗废液直接排入河流。

(16) 不检查附近是否有人即开动卸煤机，或进入叶轮内盘车，或未做超压试验即校验高压除氧器安全门，或未放水和“消压”即进行“高加”热态检漏，或带压力紧固罐车人孔盖螺钉。

(17) 带电断开或接续空载线路时不戴护目镜，或者带电用水冲洗密封不良的设备，或在带电体、带油体附近点火炉或喷灯，或电气设备着火，使用泡沫灭火器灭火。

(18) 在开挖的土方斜坡上放置物料，或敷设电缆时，用手搬动滑轮。

(19) 在高处平台上倒退着行走，或擅自使用有缺陷的吊栏作业，或从井架外侧攀爬上下，或从自己头上往身后递焊枪。

(20) 在高处不设保护措施即用钢筋冲砖，或在高处随意往下扔滑车，或高处传递物件不系牢，或在高处作业下方站立或行走。

(21) 从事切割作业之前不清理现场，或擅自销毁爆炸物品，或阀门不严漏水，或往乙炔罐内填放电石，或不关闭挡板、调整门即进行炉膛检修，或者洗煤粉与明火作业同时进行。

6. 其他方面

预防事故不能只对涉及电力设备或者有电力设备的场所就认真，否则则放松警惕，预防事故不能光防着与电相关的事故，要注意所有的危险点。在除上述几个专业之外，其他专业方面容易发生的违章表现为：

（1）进入现场不按规定着装，不戴好安全帽，登主变压器等较大设备作业时不系安全带。

（2）执行工作票不规范，不参加工作票宣读，不提问，不在工作票的危险点交底栏签字。

（3）无票进入工作现场，擅自触动运行中设备、自动装置。

（4）不按规定保存、运输、使用有毒、易燃、易爆等试剂。

（5）试验接线不规范，拆、接试验电源时不监护。

（6）使用试验设备不接地、接零，使用手动电动工具无漏电保护器。

（7）设备通电前不按规定通知有关人员；需设专人协调指挥的工作，不设专人协调指挥。

（8）进入工作现场，没有带全所需要的相关资料、图纸、专用工具，凭记忆作业。

（9）无票操作，无票作业。

（10）跨、钻、越、移动工作现场临时安全围栏。

（11）工作现场、设备场地、控制室、高压室、禁烟场所吸烟、扔烟头。

（12）高压试验时不设安全围栏，或所设围栏不符合要求。

（13）在主控制室或现场、高压室吸烟。

（14）使用梯子无人扶持或不绑牢。

（15）攀登不允许攀登的瓷柱作业。

（16）不合接地刀闸，在高频通道的元件上作业。

（17）工作人员不按规定着装，不按规定使用安全工器具。

（18）打锤时戴手套或对面有人。

（19）使用无齿锯时对面有人。

（20）使用钻床时戴手套或被钻孔的物体固定不牢。

（21）焊接工作中，不按规定着装，不戴电焊手套。在潮湿地方进行电焊工作时，不穿绝缘鞋或不踏在绝缘物上。

（22）从事电焊工作离开现场时不切断电源。

（23）高处作业不系安全带，或系的位置不正确。

（24）进入工作现场不戴安全帽或戴安全帽不系紧带。

（25）无特种作业证人员从事特种作业。

（26）饮酒后参加现场作业。

（27）高处作业传递物品不使用传递绳，上下抛掷。

（28）起吊重物时，不设专人指挥，在重物和吊臂下方有人走动或工作。

（29）违章指挥，安排工人冒险作业。

（30）将消防器材移作他用，或在工作场所存放易燃物品。

（31）电网调度编制操作票、受理停电作业会签不与现场核对运行方式变化情况。

（32）电网调度编制送电操作票盲目按照停电操作票返回，未考虑停电和送电前后的运行方式是否有变化。

（33）电网调度员下令不使用设备的双重名称，不相互通报姓名，不监督接令者复诵命令内容。

（34）约时停用或恢复重合闸，或在带电作业过程中设备突然停电时，视为设备无电，或在等电位作业传递工具和材料时，不使用绝缘工具或绝缘绳索。

（35）精神状态不佳，作业时不能集中精力者，仍参加高危性质作业。

（36）车辆进入高压设备场地内，没有征得站长、值班长许可，没有相应的安全措施。

(37) 调度室、变电站主控制室等地的火灾自动报警系统被擅自停运。

(38) 通信机房、计算机房等地的气体灭火系统被擅自停运。

(39) 向电缆夹层、竖井、电缆隧道和电缆沟等部位堆放杂物。

(40) 带电作业的等电位作业人员在作业中用酒精、汽油等易燃品擦拭带电体及绝缘部位。

从业人员在具体的工作中，遇到疑问或者不清楚的地方，一定要马上停止工作，向有关人员询问清楚，待上级有关人员允许后，方可继续工作。千万不要凭着自己的理解，擅自变动作业程序和内容。以上违章表现，各专业从业者可以根据自己岗位的专业实际，进行有针对性和有重点的防范学习，做到时刻对事故保持警惕，杜绝麻痹大意和习惯性违章。

二、违章预防指导

电力企业的从业人员要对违章现象时刻保持警惕，在学习和工作的过程中，要充分认识和杜绝“三违”行为，始终确保自己的安全意识和思想状态合格，并能够长期保持谦虚谨慎和戒骄戒躁的安全工作作风，踏踏实实地提高自己的安全防护技能。只有这样，才能从自身做起，认真负责地搞好反违章工作。

1. 保证个人的安全状态

人的行为靠大脑来指挥，从业人员的精神、情绪和健康的好坏直接影响到日常工作和行为。为此，我们都要关注个人工作前的精神、情绪和健康，这对于安全生产起着至关重要的作用。精神、情绪和健康等指标正常，不仅能保证自己的人身安全，还能保证设备检修、维护和试验等工作的质量。如果精神、情绪和健康等指标低下，则很容易引发事故。事实证明，至少百分之九十的误操作、误下令等事故，都是因为分神造成的。所以，从业人员一定要保证自己的安全生产工作状态合格，这是预防违章的基础条件之一。从业人员需要注意的是，上班前和工作过程中不能饮酒，不带着疲惫和不良情绪上班。在生活和工作中，新员工和老员工一样会遇到这样或者那样的实际问题，会有困扰、难题和压力，甚至纠纷和矛盾等，对于这些，我们一定要妥善处理，必要时求助领导或者亲属帮助解决或者协调，务必保证安全生产状态合格。

2. 杜绝习惯性违章

任何的违章事故背后，肯定有很多次的侥幸违章却未出事故的行为。多次的侥幸违章而未出事故的行为，助长了违章者的侥幸心理，促使违章普遍性和习惯性地蔓延。同时，事故的发生，并非都是一个环节或者一点措施出了问题。出了问题的地方，很多都是长期存在的，且形成了具有惯性的违章行为，这就是习惯性违章的主要特点。从业人员要走出习惯性违章的怪圈，敢于对习惯性违章说“不”。

3. 不断提高预防技能

造成事故的原因有很多，不是学习了本读本和相关规章规定就可以完全应付的。从业人员要注意结合实际积累安全技术经验，必要时要做好经验记录。事故有其共性，也有其特殊性。对于特殊原因和特殊条件造成事故的应对经验，是很难一时积累起来的。所以，对于从业人员来讲，安全技术经验的积累和提高非常重要，它有利于我们的成长与进步，有利于将所学理论应用到实践行为中，与实践结合，有利于举一反三地应对各种复杂和特殊的安全问题，更有利于企业员工整体素质的提升。具体途径可通过积极参加班组和企业组织的各种安全培训教育活动，认真参加各种安全实践活动，肯于动脑，积极提出安全合理的建议与意见，不断丰富和提高自己的技能。

4. 不隐瞒事故

从业人员要对事故的上报有个正确的认识，否则接触到事故案件，成为事故的主要或直接责任者后，就会不知道如何处理。要是发生事故后隐瞒不报，或是出了事故“大变小、多变少、重变轻”，这种行为违背了“安全第一，预防为主，综合治理”的安全生产方针，助长了违章行为的气焰，也扩大了从业人员的侥幸心理。同时，他人也吸取不到事故的教训。隐瞒事故是违法行为。《安全生产法》第九十二条规定：有关地方人民政府、负有安全生产监督管理职责的部门，对生产安全事故隐瞒不报、谎报或者拖延不报的，对直接负责的主管人员和其他直接责任人员依法给予行政处分；构成犯罪的，依照《刑法》有关规定追究刑事责任。

隐瞒事故违背了以人为本的原则。隐瞒事故既损害了国家利益，又损害了职工安全健康权，甚至是剥夺了职工最起码的生存权。因为事故被隐瞒，事故的原因就无法全面查找，事故发生规律和原因就无法总结，事故的经验教训就无法被吸取，有可能使事故的隐患依然存在，就有可能继续对人和企业的安全构成威胁。所以，发生事故后，从业人员一定要按照规定上报。从业者有权监督因违章管理和指挥造成事故的主要负责人的行为，有权本着为自己负责，为同事负责，为企业和社会负责的态度，做好事故上报工作，并保护好事故现场，不销毁证据。即使是自己违章造成了事故，也要正确对待，敢于承担责任，敢于汇报真实情况，勇于吸取教训，主动接受批评与惩罚。同时，自己也没必要就此消沉，要能够深刻吸取教训，尽快恢复工作状态，这也是确保自己今后不违章的一种决心和实际行动。

5. 敢于与事故现象作斗争

从业人员要有安全正义感，不畏艰难，敢于和各种违章行为作斗争，这是从业者的责任和义务，同时也是保护从业者自身安全权益的必要手段。从业者有受法律保护的安全权益，当自己的权益受到威胁的时候，从业者有权进行维权，比如，对违章指挥和违章管理说“不”。

6. 学会爱心互助

在安全生产工作中，企业提倡员工之间结下高尚的友谊，这有利于团结，有利于齐心克服各种困难，包括安全生产上的任何不和谐的阻碍。事实证明，这是预防违章的不可缺少的途径。从业人员要学习企业的安全精神，学习安全先进典范者的先进事迹，尤其是互助类型的安全事迹。

第二节　常见人身伤害事故的防范措施

一、防止人身触电事故

防触电事故的目标很明确，就是采取安全措施防止误触带电设备，或者防止停电设备突然来电等情况下造成人身伤亡。从业人员必须对相关设备的情况完全掌握，对相关安全措施了解透彻，并把安全规程要求执行到位，这样才能安全、安心地工作。

（1）发电厂、变电站电气设备进行部分停电检修或新设备安装时，工作许可人应根据工作票的要求在工作地点或带电设备四周设置遮栏（围栏），将停电设备与带电设备隔开。围栏上每侧应至少悬挂一个面向工作人员的“止步，高压危险！”标示牌。防止检修、试验、施工人员走错工作地点，误入带电区间，误登带电设备，发生人身触电。

(2) 无论高压设备是否带电，工作人员不得单独移开或越过遮栏（围栏）进行工作；若有必要移开遮栏（围栏）时，应有监护人在场，并满足设备不停电时的安全距离。

(3) 运行中的高压设备其中性点接地系统的中性点应视做带电体，不得触摸。雷雨天气需要巡视室外高压设备时，应穿绝缘靴，并不得靠近避雷器和避雷针。

(4) 有雷电时，禁止进行就地倒闸操作。

(5) 变电作业时，高压验电应戴绝缘手套。验电器的伸缩式绝缘棒长度应拉足，验电时手应握在手柄处不得超过护环，人体应与验电设备保持安全距离。雨雪天气不得进行室外直接验电。

(6) 在室内高压设备上工作，应在工作地点两旁和对面运行设备间隔的遮栏（围栏）上和禁止通行的过道遮栏（围栏）上悬挂“止步，高压危险!”的标示牌。

(7) 高压开关柜内手车开关拉出后，隔离带电部位的挡板必须可靠封住，禁止开启，并设置“止步，高压危险!”的标示牌。

(8) 在办理工作许可手续之前，任何车辆及工作班组成员都不得进入遮栏内或触及设备。

(9) 在办理工作票许可手续后，工作负责人（监护人）应在设备区外向工作班组成员宣讲工作票内容，使每个工作班组成员都知道工作任务、工作地点、工作时间、停电范围、邻近带电部位、现场安全措施等注意事项（必要时可以绘图讲解），并进行危险点告知，履行确认手续后方可开始工作。迟到人员开始工作前，工作负责人应向其详细交代以上各项内容。

(10) 工作中，工作负责人必须始终在现场认真履行监护职责。当工作地点分散或工作环境比较危险时，工作负责人应增设专责监护人和确定被监护人员，及时制止违章作业行为。

（11）在电气设备上进行检修，工作班组成员在攀登设备构架前，首先应认真核对设备名称、编号、位置，检查现场安全措施无误后方可开始。因故离开工作现场返回工作地点时，必须重新核对设备名称、编号、位置，确认无误后方准继续工作，防止误入带电区间。

（12）当工作现场布置的安全措施妨碍检修（试验）工作时，工作班组成员必须向工作负责人说明情况，由工作负责人征得工作许可人同意后，方可变动安全设施，变动情况应及时记录在值班日志内。

（13）工作班组成员在完成工作票所列的工作任务撤离工作现场后，如又发现问题需要处理时，必须向工作负责人汇报，禁止擅自处理。若尚未办理工作终结手续，则由工作负责人向工作许可人说明情况后，在工作负责人带领下进行处理。如已办理工作终结手续，则必须重新办理工作许可手续后方可进行。

（14）因平行或邻近带电设备导致检修设备可能产生感应电压时，应加装接地线或工作人员使用个人保安接地线。

（15）装、拆接地线顺序要正确，并均应使用绝缘棒。人体不得碰触接地线或未接地的导线，以防止感应电触电。检修人员带地线拆设备接头时，必须采取防止地线脱落的可靠措施，防止地线脱落感应电伤人。

（16）在变、配电站（开关站）的带电区域内或邻近带电线路处，禁止使用金属梯子。搬动梯子、管子等长物时，应放倒，由两人搬运，并与带电部分保持足够的安全距离。

（17）在电气设备上进行高压试验，应在试验现场装设遮栏，向外悬挂“止步，高压危险！”标示牌，并派人看守。非试验人员不得靠近。加压过程中应集中精力，不得触及试验的高压引线。试验时不得进行其他检修、维护等工作。当被试设备两端不在同一地点时，两端都要派人看守。试验结束后，要及时断开试验电源，将试验设备及被试设备正确放电。

（18）由于高压试验而拆开的一次设备引线，必须用结实的绳子绑牢，防止引线摇晃触及邻近带电设备或被试设备而造成触电。

（19）试验人员在变电站（开关站）放、收试验线（电源线）时，应特别小心，防止试验线弹到或接近带电设备，发生人身触电。

（20）室内母线分段部分、母线交叉部分及部分停电检修易误碰带电设备的，应设有明显标志的永久性隔离挡板（护网）。

（21）进行变电站高压配电室（厂用变电室）内停电清扫母线工作时，应先将备用电源、联络线电源、多回路电源等对侧带电的或所有可能带电的间隔停电。如特殊情况不能停电，则必须将对侧带电的间隔上锁并悬挂“止步，高压危险！”标示牌。

（22）在带电设备附近测量绝缘电阻时，测量人员和摇表安放位置应选择适当，保持安全距离，以免摇表引线或引线支持物触碰带电部分。移动引线时，应注意监护。

（23）严禁在带电设备周围使用钢卷尺、皮卷尺和线尺（夹有金属丝）进行测量工作，防止工作人员触电。

（24）单人操作时不得进行登高或登杆操作。

（25）严禁变电运行人员不认真执行操作监护制度误入带电间隔；严禁变电检修（试验）人员不执行工作票制度擅自扩大工作范围，防止误入带电间隔（误登带电构架）。

（26）变电运行人员在电气设备停电后（包括事故停电），在未拉开有关隔离开关（刀闸）和做好安全措施前，不得触及设备或进入遮栏，以防突然来电。

（27）变电运行人员在电气设备停电后进行清扫等维护工作时，

必须填写工作票，并确认设备已停电，明确工作范围，做好各项安全措施，至少有两人一起工作，与带电设备保持足够的安全距离。

(28) 线路检修人员应严格执行“安规”中关于同杆塔架设多回线路以及相互平行或交叉线路中防止误登带电线路的相关措施，并严禁在有同杆架设的10 kV及以下线路带电情况下，进行另一回路的登杆停电检修工作。

(29) 线路运行人员进行事故巡线时，应始终认为线路带电。即使明知该线路已停电，亦应认为线路随时有恢复送电的可能。严禁登杆塔作业。

(30) 在带电杆塔上刷油漆、除鸟窝、除风筝、紧杆塔螺钉、检查架空地线、金具、瓷瓶等工作，作业人员活动范围及其所携带的工具、材料等与带电导线最小距离应保证不小于设备不停电时的安全距离。不得通过限制作业人员肢体活动的方式来满足安全距离。

(31) 带电作业断、接引线时严禁同时接触未接通的或已断开的导线两个断头，以防人体串入电路。

(32) 带电作业断开耦合电容器后，应立即对地放电。

(33) 带电作业短接阻波器，被短接前严防等电位作业人员人体短接阻波器。

(34) 在330 kV及以上电压等级的带电线路杆塔上及变电站构架上作业，应采取穿静电感应防护服、导电鞋等防静电感应措施(220 kV线路杆塔上作业时宜穿导电鞋)。防止静电感应造成人身感电。

(35) 采用高架绝缘斗臂车进行带电作业，先检查绝缘臂为合格状态。严禁一个斗内两名作业人员同时接触电源作业，防止作业人员感电。

(36) 在处理多条同路敷设的电缆故障时，在锯电缆以前，应与电缆走向图纸核对相符，并使用专用仪器（如感应法）确切证实电缆无电后，用接地的带绝缘柄的铁钎钉入电缆芯后，方可工作。扶绝缘柄的人应戴绝缘手套并站在绝缘垫上，并采取防灼伤措施。

(37) 配电设备接地电阻不合格时，应戴绝缘手套方可接触箱体。

(38) 在配电变压器台架上进行检修工作，必须先拉开低压侧刀闸，后拉开高压侧隔离刀闸或跌落式熔断器，然后在停电的高压引线、低压引线上验电、接地。操作跌落式熔断器及刀闸时，必须使用经试验合格的绝缘杆并戴绝缘手套，严禁用手直接摘、挂跌落式熔断器的熔管。

(39) 配网低压网改造工程竣工后，必须认真检查旧线路是否已经拆离，防止新旧线路混接造成人身触电伤亡事故。

(40) 具有双电源的用户必须装设双投开关、双投刀闸或采用可靠的技术手段，落实防止双电源用户反送电的措施。防止用户乱接线或使用没有双投刀闸闭锁上网的小型自备发电机从低压侧反送电，所有低压用户均应视为可能反送电的电源。

(41) 防止低压触电，要求电气设备安全接地；在容易触电的场合使用安全电压；必须使用低压剩余电流动作保护装置。

(42) 现场使用的电源线应按规定规范连接，绝缘导线不能破损，电源刀闸盖要齐全。检修（试验）电源板应安装漏电保安器，并按要求定期检查试验，确认保护动作正确。

(43) 严禁用导线直接插入插座取得电源，插座与插头应配套、完好无损。

(44) 生产现场各种用电设备和电动工具、机械，特别是检修现场临时使用的砂轮机、电钻、电风扇等，其电机或金属外壳、金属底座必须可靠接地或接零。

(45) 在金属容器内进行焊接工作时，使用的行灯电压不准超过12 V。行灯变压器的外壳应可靠接地，不准使用自耦变压器。

(46) 电焊机应可靠接地，高、低压侧接线柱必须设护罩，以防工作中误触碰。不停电更换焊条，必须戴焊工手套进行。

(47) 在潮湿等恶劣环境下进行电焊工作，必须站在干燥的木板上或穿橡胶绝缘鞋。

(48) 在高压线附近进行勘测、施工作业时，使用的测量、钻探和施工工具、设备应与高压线保持足够的安全距离。在高压线下测量时，不应使用金属标尺。必须做好监护，防止测量、钻探工具与高压线安全距离不足，发生电击伤人事故。

(49) 油漆工、土建工等非电气人员或外单位人员进入生产现场，必须经过安全教育培训和安全技术交底，并按规定办理进站施工手续和工作票。工作前，工作负责人应向工作班全体人员清楚交代现场安全措施、带电部位和其他安全注意事项。工作中，设备管理部门应指派专人进行监护。专责监护人因故暂时离开作业现场时，应通知工作负责人暂停工作，工作人员必须撤离现场，不能以赶进度为理由擅自继续工作。

二、防止高处坠落事故

防止高处坠落事故的字面意思很容易理解，但是在相关作业中，离地不高的作业，或者周边有相对距离较低的平台的作业，往往容易让人放松警惕。由于有相对距离不高的平台、平面，就有了可以依附的心理，这往往是事故的诱因。某单位员工，从仅有 2 m 高的梯子上跌落，造成骨盆碎裂。虽无生命危险，但是多次的骨盆修复手术，让其痛不欲生，而且恢复不理想的话，还有可能导致生活不能自理。所以，预防高处坠落事故要从简单的登高作业开始。防止高空坠落事故，从业人员需要根据岗位实际，注意和掌握以下内容：

（1）经医生诊断，患有高血压、心脏病、贫血病、癫痫病、糖尿病以及患有其他不宜从事高处作业和登高架设作业病症的人员，不允许参加高处作业。

（2）发现现场工作人员有饮酒、精神不振、精力不集中等症状时，禁止登高作业。

（3）高处作业应使用安全带（绳），安全带（绳）使用前应进行检查，并定期进行试验。高处作业人员应衣着灵便，宜穿软底鞋。

（4）能在地面进行的工作，不在高处作业；高处作业能在地面上预先做好的工作，必须在地面上进行，尽量减少高处作业和缩短高处作业时间。

（5）安全带（绳）应挂在牢固的构件上或专为挂安全带用的钢丝绳上，安全带不得低挂高用，禁止系挂在移动或不牢固的物件上。

（6）凡坠落高度在 2 m 以上的工作平台、人行通道（部位），在坠落面侧应设置固定式防护栏杆。

（7）在没有脚手架或者在没有栏杆的脚手架上工作，或坠落相对高度超过 1.5 m 时，必须使用安全带，或采取其他可靠的安全防护措施。

（8）在未做好安全措施的情况下，不准登在不坚固的结构上（如彩钢板屋顶）进行工作。

（9）楼梯、钢梯、平台均应采取防滑措施。直钢梯高度超过3 m 时，应装设护笼，以防上、下梯子时坠落。

（10）砍剪树木时，不应攀抓脆弱和枯死的树枝，应使用安全带。安全带不得系在待砍剪树枝的断口附近或以上。不得攀登已经锯过或砍过的未断树木。

（11）使用绝缘斗臂车作业，必须先检查绝缘臂为合格状态，在绝缘斗中的作业人员应正确使用安全带和绝缘工具。不得用汽车吊（斗臂车）悬挂吊篮上人作业，不得用斗臂起吊重物，在斗臂上工作应使用安全带。

（12）上杆塔作业前，应先检查根部、基础和拉线是否牢固。新立电杆在杆基未完全牢固或做好临时拉线前，严禁攀登。遇有冲刷、起土、上拔或导地线、拉线松动的电杆，应先培土加固，搭好临时拉线或支好杆架后，再行登杆。

（13）登杆塔前，应先检查登高工具、设施，如脚扣、升降板、安全带、梯子和脚钉、爬梯、防坠装置等是否完整牢靠。禁止携带器材登杆或在杆塔上移位。严禁利用绳索、拉线上、下杆塔或顺杆下滑。

（14）上横担进行工作前，应检查横担连接是否牢固和腐蚀情况，检查时，安全带（绳）应系在主杆或牢固的构件上。

（15）在杆塔高空作业时，应使用有后备绳的双保险安全带，安全带和保护绳应分挂在杆塔不同部位的牢固构件上，应防止安全带从杆顶脱出或被锋利物损坏。人员在转位时，手扶的构件应牢固，且不得失去后备保护绳的保护。220 kV 及以上线路杆塔宜设置高空作业人员上下杆塔的防坠安全保护装置。

（16）钢管杆横担处应设有检修人员转位时手扶用的牢固的手扶构件。

（17）生产厂房装设的电梯，使用前应经国家有关部门检验合格，取得准用证，并定期检验。电梯应有专责人员负责维护管理。严格执行安全使用规定和定期检验、维护、保养制度。电梯的安全闭锁装置、自动装置、机械部分、信号照明等设备有缺陷时必须停止使用，并采取必要的安全措施，防止高空摔跌等伤亡事故。

三、防止机械伤害事故

在作业现场，要时刻准备与事故作斗争。对于运转中的设备，搬运物品的场所等，从业人员都要掌握其危险点，并做好防范。同时，还要能够读懂各种安全提示标志的含义，及时发现异常和隐患，并对危险点做到有效预防。

（1）机械设备安全防护距离，防护罩、防护屏和设备本体安全对人身安全极其重要，应符合有关标准的规定。

（2）转动机械和传动装置的外露部分应装设可靠的防护罩、盖或栏杆方可使用。严禁戴手套或手上缠布在裸露的球轮、齿轮、链条、钢绳、皮带、轴头等转动部位进行清扫或其他的工作。工作人员应特别小心，不使衣服及擦拭材料被机器挂住，扣紧袖口，发辫应放在帽内。

（3）在操作转动机械设备时，严禁用手扶持加工件或戴手套操作。

（4）机械设备工作时，禁止进行润滑、清洁（清扫）、拆卸、修理等工作。转动和传动机械等设备检修时必须切断电源，并采取防止转动、移动的可靠措施。检修后进行开停试运行前，应将防护设施装设好，方可进行。

（5）搬拆大型机具时要拆开搬运。装车、卸车及转移时，不准人货混装。

（6）机械上的各种安全防护装置及监测、指示、报警、保险、信号装置应完好齐全，有缺损时应及时修复。安全防护装置不完整或已失效的机械不得使用。

（7）敷设电缆时，应有专人统一指挥，电缆移动时，严禁用手搬动滑轮，以防压伤。

(8) 严禁随意跨越输煤机、卷扬机等设备的钢绳、皮带或在皮带上站立。

(9) 严禁在运行中将转动的设备防护罩或遮栏打开，或将手伸进遮栏内。电动机的引出线和电缆头以及外露的转动部分均应装设牢固的遮栏或护罩。

(10) 严格执行设备运行规程，防止机械设备超载运行发生事故伤人。

(11) 立、撤杆塔过程中，吊件垂直下方、受力钢丝绳的内角侧严禁有人。

(12) 放线、撤线和紧线工作时，人员不得站在或跨在已受力的牵引绳、导线的内角侧和展放的导、地线圈内以及牵引绳或架空线的垂直下方，防止意外跑线时抽伤。

(13) 进行石坑、冻土坑打眼或打桩时，应检查锤把、锤头及钢钎。扶钎人应站在打锤人侧面。打锤人不得戴手套。作业人员应戴安全帽。

(14) 立杆及修整杆坑时，应有防止杆身倾斜、滚动的措施，如采用拉绳和叉杆控制等。

四、防止物体打击事故

预防打击事故要眼观六路，耳听八方。只有安全防范技术成熟，才能做到防范有术。新从业者要认真积累经验，实践安全措施，争取在作业场地当名安全防范能者，既保护自身，也能保护他人。

(1) 任何人进入生产现场（办公室、控制室、值班室和检修班组室除外），应戴合格的安全帽，并要扎紧系好下颚带。企业应制定职工安全帽佩戴的具体要求和管理规定。

(2) 在高处作业现场，工作人员不得站在作业处的垂直下方，高空落物区不得有无关人员通行或逗留。在行人道口或人口密集区从事高处作业，工作点下方应设围栏或其他保护措施。

（3）在起吊、牵引过程中，受力钢丝绳的周围、上下方、内角侧和起吊物的下面，严禁有人逗留和通过。吊运重物不得从人头顶通过，吊臂下严禁站人。不准用手拉或跨越钢丝绳。

（4）在高处上、下层同时作业时，中间应搭设严密牢固的防护隔离设施，以防落物伤人。工作人员必须戴安全帽。

（5）钻床、金属切削机床等加工件的固定夹具应完好，防夹具脱落装置应可靠。加工时，夹具应将工件夹紧，防止工件飞脱伤人。

（6）砂轮机禁止安装在正对着附近设备及操作人员或经常有人过往的地方。砂轮机必须定期检查匹配、防护、接地等。砂轮必须装有用钢板制成的防护罩，其强度应保证当砂轮碎裂时挡住碎块。

（7）使用砂轮机磨削工件时，应戴防护眼镜或装设防护玻璃。操作者应站在砂轮的侧面，以免故障时砂轮飞出或破碎伤人。

（8）生产现场使用的手提式高速砂轮机，应由有经验的工作人员操作。使用前应先检查磨具是否匹配，禁止将低转速的砂轮片用于高速砂轮机上。禁止自制夹具套用其他砂轮片或磨具，防止砂轮片破碎伤人。

（9）卸水泥杆时，除打好掩木防止车身倾斜、杆子滚动伤人以外，还应加拦绳固定好，防止散堆。不得将数根水泥杆同时滚向卸杆的车厢侧，应松一根放一杆。

（10）在卸杆时应利用跳板或圆木组成斜道，向下滚动时应用大绳溜放，缓缓滚下，严禁在溜放的杆子前方站人。

（11）用绳子牵引水泥杆上山，必须将水泥杆绑牢，钢丝绳不得触磨地面，爬山路线两侧 5 m 以内，不得有人停留或通过。

（12）线路施工紧线时，应检查接线管或接线头以及过滑轮、横担、树枝、房屋等处有无卡住现象。如遇导线、地线有卡、挂住现象，应松线后处理。处理时操作人员应站在卡线处外侧，采用工具、大绳等撬、拉导线。严禁用手直接拉、推导线。

(13) 线路拆旧施工时，断线杆塔要先安装可靠的拉线，做好防止倒杆塔措施。工作人员不得站在导线的下方和内角侧，防止断线时意外跑线伤人。

(14) 立、撤杆塔过程中基坑内严禁有人工作。除指挥人员及指定人员外，其他人员应在离开杆塔高度的1.2倍距离以外。

(15) 在从事压力容器作业时（如开关液压机构，氧气瓶、氮气瓶、乙炔瓶等压力容器），应严格执行操作规程，以防喷出物或容器损坏伤人。

五、防止噪声、中毒事故

1. 防噪声污染

(1) 噪声污染会对人身造成伤害，按照工业卫生的要求，工作场所、生产场所和设备本身的噪声水平必须符合有关规定。

(2) 采取个人防护措施，包括在耳道塞防声棉、防声耳塞或佩戴耳罩、头盔等防声工具。

2. 防 SF_6 气体中毒

(1) 进入 SF_6 配电装置低位区或电缆沟进行工作应先检测含氧量（不低于18%）和 SF_6 气体含量是否合格。

(2) 在 SF_6 配电装置室低位区应安装能报警的氧测量仪和 SF_6 气体泄漏报警仪，在工作人员入口处也要装设显示器。这些仪器应定期试验，保证完好。

(3) 工作人员进入 SF_6 配电装置室，入口处若无 SF_6 气体含量显示器，应先通风15分钟，并用检测仪测量 SF_6 气体含量是否合格。尽量避免一人进入 SF_6 配电装置室进行巡视，不准一人进入从事检修工作。

（4）设备解体检修前，应对 SF_6 气体进行检验。根据有毒气体的含量，采取安全防护措施。检修人员需穿着防护服并根据需要佩戴防毒面具。打开设备封盖后，现场所有人员应暂离现场 30 分钟。取出吸附剂和清除粉尘时，检修人员应戴防毒面具和防护手套。

（5）配电装置发生大量有毒气体泄漏等紧急事故时，人员应迅速撤出现场，开启所有排风机进行排风。未佩戴隔离式防毒面具的人员禁止入内。只有经过充分的自然排风或恢复排风后，人员才准进入。发生设备防爆膜破裂事故时，应停电处理，并用汽油或丙酮擦拭干净。

（6）进行气体采样和处理一般渗漏时，要戴防毒面具并进行通风。

（7）进行 SF_6 开关操作时，禁止检修人员在其外壳上进行工作。

（8）检修结束后，检修人员应洗澡，把用过的工器具、防护用具清洗干净。

3. 防其他有毒、有害物质

（1）在下水道、煤气管线、潮湿地、垃圾堆或有腐质物等附近挖坑施工时，应设监护人，在挖深超过 2 m 的坑内工作时，应采取戴防毒面具、带救生绳、向坑中送风等安全措施。监护人应密切注意坑内工作人员，防止煤气、沼气等有毒气体中毒。

（2）电缆隧道应有充足的照明，并有防火、防水、通风的措施。在电缆井内工作时，禁止只打开一只井盖（单眼井除外）。进入电缆井、电缆隧道前，应先用吹风机排除浊气，再用气体检测仪检查井内或隧道内的易燃易爆及有毒气体的含量是否超标，并做好记录。电缆沟的盖板开启后，应自然通风一段时间后方可下井工作。在电缆井、隧道内工作时，通风设备应保持常开，以保证空气流通。在电缆隧道内进行长距离巡视时，工作人员应携带便携式有害气体测试仪及自救呼吸器。

(3) 对在工作中接触有毒、有害、危险物品或从事危险性作业的工作人员，其人身安全专用防护用品，要根据实际情况及时配备。

第三节　典型事故案例安全教育

一、带负荷拉刀闸的恶性误操作事故

带负荷拉刀闸是和带电挂地线并列的恶性操作事故，不但严重威胁电网安全，同时对人身安全也造成了极大的威胁。带负荷拉刀闸等类型的违章行为不是由于技能水平不够而造成的，而是安全状态不到位和责任心不强的体现。

2004 年 8 月 23 日 8 时 39 分，某电业局运行工区联合运行一班当值人员在 110 kV 某变电所执行电容器组停役检修操作过程中，由于安全思想淡漠、工作责任心极差，发生了一起带负荷拉刀闸的恶性误操作事故。期间♯1 主变低压后备保护正确动作，跳开♯1 主变 10 kV 开关切除故障，导致 10 kV Ⅰ段母线失电，共损失电量 12 000 kW·h。

1. 事故经过

运行工区联合运行一班当值值班员徐某和闻某，根据××变♯1 电容器 A 相电抗器接头发热处理检修计划，拟在 23 日将变♯1 电容器改为检修状态。当值人员携带预令操作票于 8 时 15 分到达变电所，并做好接令、操作准备工作。8 时 24 分区调下令：××变♯1 电容器由热备用改为电容器检修。

操作人接到监护人发给的操作令后，将操作票内容输入计算机

防误装置，随即开始操作。8 时 39 分，当操作到第三步“拉开变 #1 电容器闸刀”时，因开关实际处于运行状态，带负荷拉刀闸的误操作事故发生了。此后，#1 主变低压后备保护正确动作，跳开 #1 主变 10 kV 开关切除故障，使 10 kV Ⅰ段母线失电。

9 时 24 分区调开始调整运行方式，将 10 kV Ⅰ段母线改为检修状态。12 时 21 分全部操作完毕，其后许可检修人员进行检修。19 时 50 分 10 kV Ⅰ段母线恢复供电。经检查，事故造成变 #1 电容器闸刀弧光烧伤、10 kV 母分 #1 闸刀弧光烧伤，闸刀支持瓷瓶碎裂。

2. 原因分析

（1）监护人徐某、操作人闻某安全思想淡漠、工作责任心极差，在将操作票内容输入计算机防误装置过程中，未对装置中变 #1 电容器的运行状态与后台监控机的设备状态进行认真核对。在以后的操作中，对“核对设备状态”和“检查变 #1 电容器开关确已断开”两操作步骤极其不负责任，始终想当然地以为设备的热备用状态是其操作的起始点，对“核对、检查”敷衍了事，对设备的状态视而不见，违章作业，是导致本次误操作的直接原因。

（2）监护人徐某、操作人闻某倒闸操作流程执行不力，对操作中的“三核对”走过场，在操作过程中，严重违反规程规定，是本次误操作的主要原因。

（3）当值值长工作不到位，未能履行自身工作职责。对操作任务执行交代不清，必要的安全注意事项未加关注，是本次误操作的次要原因。

（4）在运行工区现有的内部运作体制下，监控人员对操作任务知之甚少，操作人员与监控人员缺乏沟通联系，监控和操作人员在操作中相互脱节，对本起事故的发生有一定关系，是本起事故的间接原因之一。

(5) 变电所采用的防误装置是计算机“五防”。由于操作人员在操作预演时没有核对开关实际状态，而计算机防误操作预演闭锁也存在不足，使防误装置失去了应有的作用。对本起事故的发生也有一定关系，是本起事故的间接原因之一。

3. 事故预防措施

(1) 学会分析事故后果，能够联想事故后果，绝不违章造成严重事故后果；

(2) 保持高度的安全防范意识，牢固树立“安全第一”的观念；

(3) 严格执行安全工作程序，工作未得到监护人确认，则不进行下一步操作。

二、因安全措施不到位而引发的触电高空坠落人身死亡事故

2007 年 2 月 7 日，某供电公司送电工区带电班在等电位带电作业处理 330 kV 3033××二回线路缺陷过程中，发生触电高空坠落死亡事故，造成 1 人死亡。

1. 事故经过

2007 年 2 月 7 日，某供电公司送电工区安排带电班带电处理 330 kV 3033××二回线路＃180 塔中相小号侧导线防震锤掉落缺陷(该缺陷于 2 月 6 日发现)。办理了电力线路带电作业工作票(编号 2007－02－01)，工作票签发人王某，工作班人员有李某(死者，工作负责人，男，28 岁，工龄 9 年，带电班副班长)、专责监护人刘某等共 6 人，工作地点在××地，距××公路约 5 公里，作业方法为等电位作业。14 时 38 分，工作负责人向××地调调度员提出工作申请，14 时 42 分，××地调调度员向省调调度员申请并得到同意。14 时 44 分，地调调度员通知带电班可以开工。16 时 10 分左右，工作人员乘车到达作业现场，工作负责人李某现场宣读工作票及危险点

预控分析，并进行了现场分工，然后攀登软梯作业，王某登塔悬挂绝缘绳和绝缘软梯，刘某为专责监护人，地面帮扶软梯人员为王某、刘某，剩余1名为配合人员。绝缘绳及软梯挂好，检查牢固可靠后，工作负责人李某开始攀登软梯，16时40分左右，登到与梯头（铝合金）0.5 m左右时，导线上悬挂梯头通过人体所穿屏蔽服对塔身放电，导致其从距地面26 m左右跌落到铁塔平口处（距地面23 m）后坠落地面（此时工作人员还未系安全带），侧身着地，地面人员观察李某还有微弱脉搏。现场人员立即对其进行现场急救，并拨打电话向当地120和工区领导求救。由于担心120救护车无法找到工作地点，现场人员将李某抬到车上，一边向××公路行驶，一边在车上实施救护。17时12分左右，与120救护车在××公路相遇，由医护人员继续抢救，17时50分左右，救护车行驶至××市第一人民医院门口时，李某心跳停止，医护人员宣布其死亡。

2. 原因分析

本次作业的330 kV××二线铁塔为ZMT1型，由ZM1型改进，中相挂线点到平口的距离由原来的10.32 m压缩到8.1 m；挡窗的K接点距离由9.2 m增加到9.28 m；两边相的距离由17 m压缩到13 m（ZMT1型塔在××铁塔试验场通过真型试验）。但由于此次作业人员忽视改进塔型的尺寸变化，事前未按规定进行组合间隙验算。作业人员沿绝缘软梯进入强电场作业，绝缘软梯挂点选择不当，造成安全距离不能满足《电力安全工作规程（电力线路部分）》等电位作业最小组合间隙及《××省电力系统带电作业现场安全工作规程》的规定（2002年12月制定，经修正海拔后××地区应为3.4 m），此次作业，在该铁塔无作业人时最小间隙距离约为2.5 m，作业人员进入后组合间隙仅余0.6 m，这是导致事故发生的主要原因。

3. 事故预防措施

（1）保持对事故的高度警惕，即使是对安全措施的细小环节也不应放过；

（2）善于从多角度考虑安全问题，始终能够细心、认真地执行防范措施；

（3）严肃执行安全规章制度，在防范事故的工作中，能够结合实际，并做到防护不走样，不落项，不跳项。

三、农网改造中发生的因违章而造成他人触电死亡的事故

从业人员要做到“三不伤害”，即不伤害自己，不伤害他人，不被他人伤害。这既是从业人员的责任、义务，也是一种安全道德。要时刻保护自己，也要时刻为他人的安全着想。下面的事故案例就是由于农电施工人员严重忽视安全，安全责任和道德意识模糊造成的。

1. 事故经过

2002 年 7 月 12 日 18 时 20 分左右，××村村民宋某到田里施化肥时，跌倒在田中新建低压电杆拉线处，同村青年许某见状，即跳入田里去抢救，也跌倒在地。在场的其他人意识到是触电后，即用竹竿把与电杆拉线搭连在一起的带电低压线隔开，将二人送往医院，但经抢救无效死亡。

2. 原因分析

××村因低压线路陈旧超载，难以确保供电，安排由××村供电营业所负责对该村低压线路进行改造。原 380 V 低压架空线线路南北走向，新架设低压线路东西走向，与原线路垂直，施工时，新线路的末端电杆（高 9 m，距原线路东侧 2.7 m）因是终端杆，需要设拉线。新立电杆稍向拉线方向倾斜，拉线跨越原低压线路后，埋设在一水田里，形成交叉。

原计划新线路完工后，再拆除老线路，由于当天施工时间较晚，新线路尚未全面完工，故仍由老线路临时供电。

新导线架设后，由于紧线承力原因，新建的低压线路终端拉线与事故地点当天恢复送电的老线路的一相导线碰在一起。而施工人员在工作结束时未对当天工作的现场进行检查，没有发现该拉线与将恢复送电线路碰在一起。18 时 20 分左右，当恢复对该村供电后，导致该拉线及拉线所处水田带电，造成下田的农民宋某及救人的许某触电身亡。

3. 事故预防措施

（1）注意培养良好的安全道德，树立良好的社会责任感；

（2）及时消灭和防范有可能对他人造成伤害的危险点；

（3）认真学习和掌握相关工作程序，严格执行相关安全工作规定。

四、习惯性违章造成的电弧烧灼伤事故

习惯性违章的特点是违章形成了习惯，已经见怪不怪。下面的事故，就是习惯性违章的恶果。

1. 事故经过

2005 年 2 月 23 日 11 点 30 分，某化工厂电位车间维修班维护电工鄢某，在检修二级中控配电室低压电容柜时，在未断电的情况下，直接用手钳拔插式保险。因操作不当，手钳与相邻的保险搭接引起短路，形成的电弧将面对电容柜的鄢某的双手、脸、颈部大面积严重灼伤。幸亏被送进医院及时救治，鄢某才脱离了生命危险。但电气短路烧毁了电容柜上不少电气元件，造成该柜连接系统单体停车长达 3.5 小时，给生产造成了较大损失。

2. 原因分析

鄢某严重违反《电气安全检修规程》中“不准带电检修作业”的规定，心存侥幸，冒险蛮干，在该电容柜完全可以断电检修的情况下，却带电检修作业，是发生事故的主要原因。在拔插式保险时，本来可以用岗位上配备的专用工具——保险起拔器，可是，他自以为经验十足，懒得去拿，而用手钳直接带电拔保险，从而导致电容柜短路并产生电弧致自己灼伤和系统停车，是发生事故的直接原因。鄢某在检修前，未编制设备检修方案，未填写检修任务书，未办理设备检修许可证，更没有与岗位操作人员取得联系，趁操作人员中午买饭的时候，想偷偷地把保险换掉，使自己的违章行为无人知晓，这是发生事故的一个重要原因。

3. 事故预防措施

（1）在作业现场要严格按照相关安全作业规程和有关制度要求执行；

（2）在安全方面，不图方便和省劲，也不投机取巧；

（3）不盲目随从他人一起违章，并能够制止他人违章；

（4）严格安全工作程序，不冒险和盲目作业。

第四章 电力安全工器具

电力安全工器具系指为防止触电、灼伤、坠落、摔跌等事故，保障工作人员人身安全的各种专用工具和器具。电力安全工器具是电力从业人员的日常工作工具，但是这看似简单的安全工器具也是很容易引发事故的。因为操作简单，且经常使用，个别员工却往往忘了安全工器具也有安全使用的操作要求，造成了一些不应该发生的事故。

第一节 电力安全工器具的分类、作用和管理

电力安全工器具分为绝缘安全工器具、一般防护安全工器具、安全围栏（网）和标示牌三大类。

一、分类和作用

1. 绝缘安全工器具

绝缘安全工器具分为基本和辅助两种绝缘安全工器具。

（1）基本绝缘安全工器具是指能直接操作带电设备、接触或可能接触带电体的工器具，如电容型验电器、绝缘杆、绝缘隔板、绝缘罩、携带型短路接地线、个人保安接地线、核相器等。

1）电容型验电器是通过检测流过验电器对地杂散电容中的电流，检验高压电气设备、线路是否带有运行电压的装置。电容型验电器一般由接触电极、验电指示器、连接件、绝缘杆和护手环等组成。

2）绝缘杆是用于短时间对带电设备进行操作或测量的绝缘工具，如接通或断开高压隔离开关等。绝缘杆由合成材料制成，结构一般分为工作部分、绝缘部分和手握部分。

3）绝缘隔板是由绝缘材料制成，用于隔离带电部件、限制工作人员活动范围的绝缘平板。

4）绝缘罩是由绝缘材料制成，用于遮蔽带电导体或非带电导体的保护罩。

5）携带型短路接地线是用于防止设备、线路突然来电，消除感应电压，放尽剩余电荷的临时接地装置。

6）个人保护接地线（俗称“小地线”）用于防止感应电压危害的个人用接地装置。

7）核相器是用于鉴别待连接设备、电气回路是否相位相同的装置。

（2）辅助绝缘安全工器具是指绝缘强度不能承受设备或线路的工作电压，只是用于加强基本绝缘安全工器具的保安作用的工器具，用以防止接触电压、跨步电压、泄漏电流电弧对操作人员的伤害，不能用辅助绝缘安全工器具直接接触高压设备带电部分。属于这一类的安全工器具有绝缘手套、绝缘靴（鞋）、绝缘胶垫等。

1）绝缘手套是由特种橡胶制成的，起电气绝缘作用的手套。

2）绝缘靴是由特种橡胶制成的，用于人体与地面绝缘的靴子。

3）绝缘胶垫是由特种橡胶制成的，用于加强工作人员对地绝缘的橡胶板。

2. 一般防护安全工器具（一般防护用具）

一般防护安全工器具（一般防护用具）是指防护工作人员发生事故的工器具，如安全帽、安全带、梯子、安全绳、脚扣、防静电服（静电感应防护服）、防电弧服、导电鞋（防静电鞋）、安全自锁器、速差自控器、防护眼镜、过滤式防毒面具、正压式消防空气呼吸器、SF_6气体检漏仪、氧量测试仪、耐酸手套、耐酸服及耐酸靴等。

（1）安全帽是一种用来保护工作人员头部，使头部免受外力冲击伤害的帽子。

（2）高压近电报警安全帽是一种带有高压近电报警功能的安全帽，一般由普通安全帽和高压近电报警器组合而成。

（3）安全带是预防高处作业人员坠落伤亡的个人防护用品，由腰带、围杆带、金属配件等组成。安全绳是安全带上面的保护人体不坠落的系绳。

（4）梯子是由木料、竹料、绝缘材料、铝合金等材料制作的登高作业的工具。

（5）脚扣是用钢或合金材料制作的攀登电杆的工具。

（6）防静电服是用于在有静电的场所降低人体电位、避免服装上带高电位引起的其他危害的特种服装。

（7）防电弧服是一种用绝缘和防护的隔层制成的保护穿着者身体的防护服装，用于减轻或避免电弧发生时散发出的大量热能辐射和飞溅熔化物的伤害。

（8）导电鞋是由特种性能橡胶制成的，在 220～500 kV 带电杆塔上及 330～500 kV 带电设备区非带电作业时为防止静电感应电压所穿的鞋子。

（9）速差自控器是一种装有一定长度绳索的器件，作业时可不受限制地拉出绳索，坠落时，因速度的变化可将拉出绳索的长度锁定。

（10）护目眼镜是在维护电气设备和进行检修工作时，保护工作人员不受电弧灼伤以及防止异物落入眼内的防护用具。

（11）过滤式防毒面具是用于有氧有毒环境中使用的呼吸器。

（12）正压式消防空气呼吸器是用于无氧有毒环境中的呼吸器。

（13）SF_6 气体检漏仪是用于绝缘电器的制造以及现场维护、测量 SF_6 气体含量的专用仪器。

3. 安全标示牌

安全标示牌包括各种安全警告牌、设备标示牌等，其作用是用于对人的警示和提示。其式样见表 4—1。

表 4—1　　标示牌式样

名称	悬挂处	式样		
		尺寸（mm×mm）	颜色	字样
禁止合闸，有人工作！	一经合闸即可送电到施工设备的断路器（开关）和隔离开关（刀闸）操作把手上	200×160 和 80×65	白底，红色圆形斜杠，黑色禁止标志符号	黑字
禁止合闸，线路有人工作！	线路断路器（开关）和隔离开关（刀闸）把手上	200×160 和 80×65	白底，红色圆形斜杠，黑色禁止标志符号	黑字
禁止分闸！	接地刀闸与检修设备之间的断路器（开关）操作把手上	200×160 和 80×65	白底，红色圆形斜杠，黑色禁止标志符号	黑字
在此工作！	工作地点或检修设备上	250×250 和 80×80	衬底为绿色，中有直径 200 mm 和 65 mm 白圆圈	黑字，写于白圆圈中
止步，高压危险！	施工地点临近带电设备的遮栏上；室外工作地点的围栏上；禁止通行的过道上；高压试验地点；室外构架上；工作地点临近带电设备的横梁上	300×240 和 200×160	白底，黑色正三角形及标志符号，衬底为黄色	黑字

续表

名称	悬挂处	式样		
		尺寸（mm×mm）	颜色	字样
从此上下！	工作人员可以上下的铁架、爬梯上	250×250	衬底为绿色，中有直径 200 mm 白圆圈	黑字，写于白圆圈中
从此进出！	室外工作地点围栏的出入口处	250×250	衬底为绿色，中有直径 200 mm 白圆圈	黑体黑字，写于白圆圈中
禁止攀登，高压危险！	高压配电装置构架的爬梯上，变压器、电抗器等设备的爬梯上	500×400 和 200×160	白底，红色圆形斜杠，黑色禁止标志符号	黑字

二、电力安全工器具的管理规定

电力安全工器具是电力从业人员的安全“护身符”，若管理不好，造成伪劣产品混入，或者过期仍继续使用，则无疑是把从业人员送到了危险的边缘。伪劣或者过期的不合格的安全工器具，会极大地增加从业人员的危险系数，所以，从业人员从保护自身健康与生命的角度考虑，也要监督好、配合执行好电力安全工器具的管理规定。

1. 管理职责

各级安监部门是安全工器具的归口管理部门，负责制定管理制度，并监督、检查所属单位贯彻执行有关安全工器具的管理规定。各单位安监部门应设安全工器具管理专责人（或兼职），负责安全工器具的监督管理工作，监督安全工器具购置计划的实施。

输变电、供电、发电、集中检修和施工企业每半年对各车间安全工器具进行抽查，所有检查均要做好记录；车间每季对所辖班组安全工器具检查一次，所有检查均要做好记录；班组每月对安全工器具全面检查一次，并对班组、车间、厂（局）等检查做好记录。

2. 试验及检验

各类电力安全工器具必须通过国家和行业规定的型式试验，进行出厂试验和使用中的周期性试验。各类电力安全工器具必须由具有资质的电力安全工器具检验机构进行检验。周期性试验及检验周期、标准及要求应符合有关规定。

应进行试验的安全工器具如下：

（1）规程要求进行试验的安全工器具；

（2）新购置和自制的安全工器具；

（3）检修后或关键零部件经过更换的安全工器具；

（4）对其机械、绝缘性能发生疑问或发现缺陷的安全工器具；

（5）出了质量问题的同批安全工器具。

电力安全工器具经试验或检验合格后，必须在合格的安全工器具上（不妨碍绝缘性能且醒目的部位）贴上“试验合格证”标签，注明试验人、试验日期及下次试验日期。

从业人员不要认为在下个试验周期日期之前，安全工器具就肯定合格，一定要在每次使用前都要进行必要的检查。同时对存放和维护不到位的安全工器具要特别注意，发现问题和可疑点，就要进行再次的试验，不合格不要使用。

3. 检查及使用

从业者每次使用前，都要对安全工器具进行检查，即使是不久前试验合格的工器具，这是保证安全工器具符合使用要求的一道关键关口。为了保证使用前这道关口的有效性，必须做到：

（1）有关单位应定期统一组织电力安全工器具的使用方法培训，

凡是在工作中需要使用电力安全工器具的工作人员，都必须定期接受培训。

（2）安全工器具的使用应符合有关规程和产品使用要求。同时，还应遵守下列规定：①安全工器具使用前应进行外观检查。②对安全工器具的机械、绝缘性能发生疑问时，应进行试验，合格后方可使用。③绝缘安全工器具使用前应擦拭干净。④使用绝缘安全工器具时应戴绝缘手套。

4. 保管及存放

从业人员要认真按照规定维护和保养安全工器具，因为保养不好，器具就会有质量的下降，这种下降有时候是不能被及时发现的，这会给安全工作造成威胁，形成事故的隐患。所以，安全工器具的保管及存放，必须满足国家和行业标准及产品说明书要求，具体要做到以下几点：

（1）绝缘安全工器具应存放在温度－15～35℃，相对湿度5％～80％的干燥通风的工具室（柜）内。

（2）安全工器具应统一分类编号，定置存放。

（3）绝缘杆应架在支架上或悬挂起来，且不得贴墙放置。

（4）绝缘隔板应放置在干燥通风的地方或垂直放在专用的支架上。

（5）绝缘罩使用后应擦拭干净，装入包装袋内，放置于清洁、干燥通风的架子或专用柜内。

（6）验电器应存放在防潮盒或绝缘安全工器具存放柜内，置于通风干燥处。

（7）核相器应存放在干燥通风的专用支架上或者专用包装盒内。

（8）脚扣应存放在干燥通风和无腐蚀的室内。

（9）橡胶类绝缘安全工器具应存放在封闭的柜内或支架上，上面不得堆压任何物件，更不得接触酸、碱、油品、化学药品或在太阳下暴晒，并应保持干燥、清洁。

(10) 防毒面具应存放在干燥、通风，无酸、碱溶剂等物质的库房内，严禁重压。防毒面具的滤毒罐（盒）的储存期为5年（3年），过期产品应经检验合格后方可使用。

(11) 空气呼吸器在储存时应装入包装箱内，避免长时间暴晒，不能与油、酸、碱或其他有害物质共同储存，严禁重压。

(12) 遮栏绳、网应保持完整、清洁无污垢，成捆整齐存放在安全工具柜内，不得有严重磨损、断裂、霉变、连接部位松脱等；遮栏杆外观醒目，无弯曲、无锈蚀，排放整齐。

5. 报废

从业人员怀疑安全器具有问题，要立即与上级负责人联系确认。原则是问题不排除，就不能使用，因为它直接关系着从业人员的安危。安全工器具如果符合下列条件之一者，即予以报废。

(1) 安全工器具经试验或检验不符合国家或行业标准。

(2) 超过有效使用期限，不能达到有效防护功能指标。

报废的安全工器具应及时清理，不得与合格的安全工器具存放在一起，更不得使用报废的安全工器具；报废的安全工器具应及时统计上报到安监部门备案。

第二节 电力安全工器具的使用

使用电力安全工器具要坚持安全使用、正确使用，形成习惯。

一、安全帽

安全帽是防止坠落物件和跌落等事故的头部保护工具，没有安全帽，头部就脆弱地暴露在危险的工作场所内，任何打击和碰撞都可能使头部受到伤害，这种伤害在很大程度上是致命的。所以，有人把安全帽比喻成生命帽，可见其对人生命安全的重要程度。

安全帽的使用有以下几个方面的知识：

（1）安全帽的使用期，从产品制造完成之日起计算：植物枝条编织帽不超过两年；塑料帽、纸胶帽不超过两年半；玻璃钢（维纶钢）橡胶帽不超过三年半。对到期的安全帽，应进行抽查测试，合格后方可使用，以后每年抽检一次，抽检不合格，则该批安全帽报废。

（2）使用安全帽前应进行外观检查，检查安全帽的帽壳、帽箍、顶衬、下颚带、后扣（或帽箍扣）等组件应完好无损，帽壳与顶衬缓冲空间在 25～50 mm。

（3）安全帽戴好后，应将后扣拧到合适位置（或将帽箍扣调整到合适的位置），锁好下颚带，防止工作中前倾后仰或其他原因造成滑落。

（4）高压近电报警安全帽使用前应检查其音响部分是否良好，使用过程中不得作为判断无电的依据。

二、安全带

安全带是防止高空坠落的主要工具，它可以使从业人员的作业场地延伸到高空，没有它，高空作业就很可能成为一种冒险行为。

安全带的使用有以下几个方面的知识：

（1）安全带使用期一般为 3～5 年，发现异常应提前报废。

（2）安全带的腰带和保险带、绳应有足够的机械强度，材质应有耐磨性，卡环（钩）应具有保险装置。保险带、绳使用长度在3 m 以上的应加缓冲器。

（3）使用安全带前应进行外观检查：

1）组件完整、无短缺、无伤残破损；

2）绳索、编带无脆裂、断股或扭结；

3）金属配件无裂纹、焊接无缺陷、无严重锈蚀；

4）挂钩的钩舌咬口平整不错位，保险装置完整可靠；

5）铆钉无明显偏位，表面平整。

（4）安全带应系在牢固的物体上，禁止系挂在移动或不牢固的物件上。不得系在棱角锋利处。安全带要高挂和平行拴挂，严禁低挂高用。

（5）在杆塔上工作时，应将安全带后备保护绳系在安全牢固的构件上（带电作业视其具体任务决定是否系后备安全绳），不得失去后备保护。

三、脚扣

脚扣的损坏大多都是扔摔所致。扔摔脚扣，很可能造成脚扣损坏而不能被及时发现，给下次的作业带来危险。所以，不要图一时省事，就忘了下次作业还需要它。同时，每次使用脚扣前都要仔细检查脚扣是否合格、完好。

使用脚扣时应掌握好以下几点：

（1）脚扣使用前应进行外观检查：

1）金属母材及焊缝无任何裂纹及可目测到的变形；

2）橡胶防滑块（套）完好，无破损；

3）皮带完好，无霉变、裂缝或严重变形；

4）小爪连接牢固，活动灵活。

（2）正式登杆前在杆根处用力试登，判断脚扣是否有变形和损伤。

（3）登杆前应将脚扣登板的皮带系牢，登杆过程中应根据杆径粗细随时调整脚扣尺寸。

（4）特殊天气使用脚扣时，应采取防滑措施。

（5）严禁从高处往下扔摔脚扣。

四、绝缘手套

正确使用绝缘手套也是保护自己生命的一道关口和屏障。绝缘手套的使用知识如下：

（1）绝缘手套使用前应进行外观检查。如发现有发黏、裂纹、破口（漏气）、气泡、发脆等损坏时禁止使用。

（2）进行设备验电，倒闸操作，装拆接地线等工作应戴绝缘手套。

（3）使用绝缘手套时应将上衣袖口套入手套筒口内。

五、绝缘杆

绝缘杆的使用注意事项有以下几点：

（1）使用绝缘杆前，应检查绝缘杆的堵头，如发现破损，应禁止使用。

（2）使用绝缘杆时人体应与带电设备保持足够的安全距离，并注意防止绝缘杆被人体或设备短接，以保持有效的绝缘长度。

（3）雨天在户外操作电气设备时，操作杆的绝缘部分应有防雨罩。罩的上口应与绝缘部分紧密结合，无渗漏现象。

六、绝缘隔板和绝缘罩

绝缘隔板和绝缘罩在一定程度上延伸和扩大了作业的安全范围，可以减少或者避免作业场所的误触碰行为。其使用注意事项如下：

(1) 绝缘隔板只允许在 35 kV 及以下电压的电气设备上使用，并应有足够的绝缘和机械强度。用于 10 kV 电压等级时，绝缘隔板的厚度不应小于 3 mm，用于 35 kV 电压等级时不应小于 4 mm。

(2) 绝缘隔板和绝缘罩使用前应保持表面洁净、端面不得有分层或开裂，绝缘罩还应检查内外是否整洁，应无裂纹或损伤。

(3) 现场带电安放绝缘隔板及绝缘罩时，应戴绝缘手套。

(4) 绝缘隔板在放置和使用中要防止脱落，必要时可用绝缘绳索将其固定。

七、电容型验电器

验电是重要的安全技术措施之一。电容型验电器是执行验电任务，判断电气设备有无电压的常用工具，只有学会正确使用它，才能执行好这项安全措施。在使用电容型验电器时，要掌握和注意以下几点：

(1) 电容型验电器上应标有电压等级、制造厂和出厂编号。对 110 kV 及以上验电器还需标有配用的绝缘杆节数。

(2) 使用前应进行外观检查，验电器的工作电压应与被测设备的电压相同。

(3) 非雨雪型电容型验电器不得在雷、雨、雪等恶劣天气时使用。

(4) 使用电容型验电器时，操作人员应戴绝缘手套，穿绝缘靴（鞋），手握在护环下侧握柄部分。人体与带电部分距离应符合《电力安全工作规程》规定的安全距离。

(5) 使用抽拉式电容型验电器时，绝缘杆应完全拉开。

(6) 验电前，应先在有电设备上进行试验，确认验电器良好；无法在有电设备上进行试验时可用高压发生器等确认验电器良好。如在木杆、木梯或木架上验电，不接地不能指示者，经运行值班负责人或工作负责人同意后，可在验电器绝缘杆尾部接上接地线。

八、核相器

不同的核相器，其使用方法也不同。在使用的时候，要注意：

（1）核相器应按照使用说明书的要求正确使用。

（2）核相器绝缘杆部分的使用与本规定“绝缘杆”中的要求相同。

九、绝缘靴

绝缘靴是保护人生命和健康的又一道重要的和不可缺少的保护屏障。触电的形成需要电流通过身体直接或间接通过其他物体对地形成放电回路，有了绝缘靴，则身体对地的回路就能被断绝，从而保护人身安全。

（1）绝缘靴使用前应检查，无裂纹、漏洞、气泡、毛刺、划痕等缺陷。如发现有以上缺陷，应立即停止使用并及时更换。

（2）使用绝缘靴时，应将裤管套入靴筒内，并要避免接触尖锐的物体，避免接触高温或腐蚀性物质，防止受到损伤。严禁将绝缘靴挪作他用。

（3）雷雨天气或一次系统有接地时，巡视变电站室外高压设备时应穿绝缘靴。需要注意的是，绝缘靴的绝缘是有一定幅度的，要按说明使用。在工作中，穿了绝缘靴的同时，还要注意避免身体的其他部位与地接触，如一只手扶墙，或者与其他非绝缘的连地物体接触，如由于高度问题，头顶着棚、膝盖跪地等。

十、绝缘胶垫

绝缘胶垫应保持完好，出现割裂、破损、厚度减薄，不足以保证绝缘性能等情况时，应及时更换。绝缘胶垫的辨别很简单，肉眼完全可以发现其外表的变化，稍有不合格的特征，要马上更换掉。

十一、接地线

接地线是作业人员的生命线，是为了电力设施上作业者的安全而悬挂的。没有它，则在电力设施上作业的从业人员就会非常危险。使用接地线时需注意以下事项：

（1）接地线应为多股软铜线，其截面应满足装设地点短路电流的要求，但不得小于 25 mm^2，长度应满足工作现场需要；接地线应有透明外护层，护层厚度大于 1 mm。

（2）接地线的两端线夹应保证接地线与导体和接地装置接触良好、拆装方便，有足够的机械强度，并在大短路电流通过时不致松动。

（3）接地线使用前，应进行外观检查，如发现绞线松股、断股、护套严重破损、夹具断裂松动等不得使用。

（4）装设接地线时，人体不得碰触接地线或未接地的导线，以防止感应电触电。

（5）装设接地线，应先装设接地线接地端；验电证实无电后，应立即接导体端，并保证接触良好。拆接地线的顺序与此相反。接地线严禁用缠绕的方法进行连接。

（6）设备检修时模拟盘上所挂地线的数量、位置和地线编号，应与工作票和操作票所列内容一致，与现场所装设的接地线一致。

（7）个人保安接地线仅作为预防感应电使用，不得以此代替《电力安全工作规程》规定的工作接地线。只有在工作接地线挂好后，方可在工作相上挂个人保安接地线。

（8）个人保安接地线由工作人员自行携带，凡在 110 kV 及以上同杆塔并架或相邻的平行有感应电的线路上停电工作，应在工作相上使用，并不准采用搭连虚接的方法接地。工作结束时，工作人员应拆除所挂的个人保安接地线。

十二、梯子

梯子是电力行业经常使用的工具，使用时具体要遵守以下事项：

（1）梯子应能承受工作人员携带工具攀登时的总质量。

（2）梯子不得接长或垫高使用。如需接长时，应用铁卡子或绳索切实卡住或绑牢并加设支撑。

（3）梯子应放置稳固，梯脚要有防滑装置。使用前，应先进行试登，确认可靠后方可使用。有人员在梯子上工作时，梯子应有人扶持和监护。

（4）梯子与地面的夹角应为65°左右，工作人员必须在距梯顶不少于2挡的梯蹬上工作。

（5）人字梯应具有坚固的铰链和限制开度的拉链。

（6）靠在管子上、导线上使用梯子时，其上端需用挂钩挂住或用绳索绑牢。

（7）在通道上使用梯子时，应设监护人或设置临时围栏。梯子不准放在门前使用，必要时应采取防止门突然开启的措施。

（8）严禁人在梯子上时移动梯子，严禁上下抛递工具、材料。

（9）在变电站高压设备区或高压室内应使用绝缘材料的梯子，禁止使用金属梯子。搬动梯子时，应放倒两人搬运，并与带电部分保持安全距离。

十三、过滤式防毒面具

过滤式防毒面具（简称“防毒面具”）是进入有可能存在有毒气体的工作场所而佩戴的劳动保护工具。

（1）使用防毒面具时，空气中氧气浓度不得低于18%，温度应为−30～45℃，不能用于槽、罐等密闭容器环境。

（2）使用者应根据其面型尺寸选配适宜的面罩号码。

（3）使用前应检查面具的完整性和气密性，面罩密合框应与佩戴者颜面密合，无明显压痛感。

（4）使用中应注意有无泄漏和滤毒罐失效。

（5）防毒面具的过滤剂有一定的使用时间，一般为30～100分钟。过滤剂失去过滤作用（面具内有特殊气味）时，应及时更换。

十四、正压式消防空气呼吸器

正压式消防空气呼吸器（简称“空气呼吸器”）使用时注意以下事项：

（1）使用者应根据其面型尺寸选配适宜的面罩号码。

（2）使用前应检查面具的完整性和气密性，面罩密合框应与人体面部密合良好，无明显压痛感。

（3）使用中应注意有无泄漏。

十五、SF_6 气体检漏仪

（1）应按照产品使用说明书正确使用。

（2）工作人员进入 SF_6 配电装置室时，入口处若无 SF_6 气体含量显示器，应先通风15分钟，并用 SF_6 气体检漏仪测量 SF_6 气体含量是否合格。

第五章　紧急救护

紧急救护法是电力生产及相关从业人员上岗前必须学会的救助技能。紧急救护的基本原则是在现场采取积极措施，保护伤员的生命，减轻伤情，减少痛苦，并根据伤情需要，迅速与医疗急救中心（医疗部门）联系救治。急救成功的关键是动作快，操作正确。任何拖延和操作错误都会导致伤员伤情加重或死亡。

在救助过程中，要认真观察伤员全身情况，防止伤情恶化。发现伤员意识不清、瞳孔扩大无反应、呼吸、心跳停止时，应立即在现场就地抢救，用心肺复苏法支持呼吸和循环，对脑、心脏等重要脏器供氧。心脏停止跳动后，只有争分夺秒地迅速抢救，才有救活的可能。

现场从业人员都应定期接受培训，学会紧急救护法，会正确解脱电源，会心肺复苏法，会止血、会包扎，会转移搬运伤员，会处理急救外伤或中毒等。

电力行业的安全规程不但对从业者的紧急救护技能知识做了要求，而且还对生产单位做了相关规定：生产现场和经常有人工作的场所应配备急救箱，存放急救用品，并应指定专人经常检查、补充或更换。

第一节　触电急救

触电是指电流通过人体而引起的病理、生理效应，触电分为电伤和电击两种伤害形式。电伤是指电流对人体表面的伤害，它往往不致危及生命安全；而电击是指电流通过人体内部。

发生触电后，电流对人体的影响程度主要决定于流经人体的电流大小、电流通过人体持续时间、人体阻抗、电流路径、电流种类、电流频率以及触电者的体重、性别、年龄、健康状况和精神状态等多种因素。

人的身体一旦触电后，会有各种不同的反应，当轻微的电流通过人体时，人就会肌肉紧张，感觉“麻”一下；电流稍大一些，人的身体就会受伤。当电流大到一定程度时，就会损害身体中最重要的器官——大脑和心脏，使气管呼吸的神经失去工作能力，人的呼吸就停止了。同时，电流对心脏的刺激会使心脏停止跳动。

触电急救必须争分夺秒，一经明确心跳、呼吸停止的，立即就地迅速用心肺复苏法进行抢救，并坚持不断地进行，同时及早与医疗急救中心（医疗部门）联系，争取医务人员接替救治。在医务人员未赶到前，不应放弃现场抢救，更不能只根据没有呼吸或脉搏的表现擅自判定伤员死亡，放弃抢救。与医务人员交接时，应提醒医务人员在触电者转移到医院的过程中不得间断抢救。

一、迅速脱离电源

1. 为什么要迅速脱离电源

触电急救，首先要使触电者迅速脱离电源，越快越好。因为电流作用的时间越长，伤害越重。在此时，时间就是生命。救助者的救助知识，决定着救助时间的长短。触电急救是电力行业相关员工必须学会的急救方法，学会它不但可以用于紧急救助他人，也可以从侧面提示自己注意防止触电。

2. 脱离电源的原则要求

脱离电源，就是要把触电者接触的那一部分带电设备的所有断路器（开关）、隔离开关（刀闸）或其他断路设备断开；或设法将触电者与带电设备脱离开。在脱离电源过程中，救护人员也要注意保护自身的安全。因此，救助者一定要冷静、干脆、利索。冷静就是不慌乱；干脆就是能够想出好的救助办法，自己的安全也能保证；利索就是救助方法正确，迅速有效。

如果没有良好的触电急救知识，则遇到触电紧急情况，就难免慌乱。

3. 低压触电时使触电者脱离电源的方法

（1）如果触电地点附近有电源开关或电源插座，可立即拉开开关或拔出插头，断开电源。但应注意到拉线开关或墙壁开关等只控制一根线的开关，有可能因安装问题只能切断中性线而没有断开电源的相线。

（2）如果触电地点附近没有电源开关或电源插座（头），可用有绝缘柄的电工钳或有干燥木柄的斧头切断电线，断开电源。

（3）当电线搭落在触电者身上或压在身下时，可用干燥的衣服、手套、绳索、皮带、木板、木棒等绝缘物作为工具，拉开触电者或挑开电线，使触电者脱离电源。

（4）如果触电者的衣服是干燥的，又没有紧缠在身上，可以用一只手抓住他的衣服，拉离电源。但因触电者的身体是带电的，其鞋的绝缘也可能遭到破坏，救护者不得接触触电者的皮肤，也不能抓其的鞋。

（5）若触电发生在低压带电的架空线路上或配电台架、进户线上，对可立即切断电源的，应迅速断开电源，救护者迅速登杆或登至可靠地方，并做好自身防触电、防坠落安全措施，用带有绝缘胶柄的钢丝钳、绝缘物体或干燥不导电物体等工具将触电者脱离电源。

4. 高压触电时使触电者脱离电源的方法

（1）立即通知有关供电单位或用户停电。

（2）戴上绝缘手套，穿上绝缘靴，用相应电压等级的绝缘工具按顺序拉开电源开关或熔断器。

（3）抛掷裸金属线使线路短路接地，迫使保护装置动作，断开电源。注意抛掷金属线之前，应先将金属线的一端固定可靠接地，然后另一端系上重物抛掷，注意抛掷的一端不可触及触电者和其他人。另外，抛掷者抛出线后，要迅速离开接地的金属线 8 m 以外或双腿并拢站立，防止跨步电压伤人。在抛掷短路线时，应注意防止电弧伤人或断线危及人员安全。

5. 脱离电源后救护者应注意的事项

（1）救护者不可直接用手、其他金属及潮湿的物体作为救护工具，而应使用适当的绝缘工具。救护者最好用一只手操作，以防自己触电。

（2）防止触电者脱离电源后可能的摔伤，特别是当触电者在高处的情况下，应考虑防止坠落的措施。即使触电者在平地，也要注意触电者倒下的方向，注意防摔。救护者也应采取救护中自身的防坠落、摔伤措施。

（3）救护者在救护过程中特别是在杆上或高处抢救伤者时，要注意自身和被救者与附近带电体之间的安全距离，防止再次触及带电设备。电气设备、线路即使电源已断开，对未做安全措施挂上接地线的设备也应视做有电设备。救护人员登高时应随身携带必要的绝缘工具和牢固的绳索等。

（4）如事故发生在夜间，应设置临时照明灯，以便于抢救，避免意外事故，但不能因此延误切除电源和进行急救的时间。

6. 现场就地急救

触电者脱离电源以后，现场救护人员应迅速对触电者的伤情进行判断，对症抢救。同时设法联系医疗急救中心（医疗部门）的医生到现场接替救治。要根据触电伤员的不同情况，采用不同的急救方法。

（1）触电者神志清醒、有意识、心脏跳动，但呼吸急促、面色苍白，或曾一度昏迷，但未失去知觉。此时不能用心肺复苏法抢救，应将触电者抬到空气新鲜，通风良好的地方躺下，安静休息1～2小时，让其慢慢恢复正常。天凉时要注意保温，并随时观察呼吸、脉搏变化。

（2）触电者神志不清，判断意识无，有心跳，但呼吸停止或极微弱时，应立即用仰头抬颌法，使气道开放，并进行口对口人工呼吸。此时切记不能对触电者施行心脏按压。如此时不及时用人工呼吸法抢救，触电者将会因缺氧过久而引起心跳停止。

（3）触电者神志丧失，判断意识无，心跳停止，但有极微弱的呼吸时，应立即施行心肺复苏法抢救。不能认为尚有微弱呼吸，只需做胸外按压就可以了，因为这种微弱呼吸已起不到人体需要的氧交换作用，如不及时进行人工呼吸即会发生死亡，若能立即施行口对口人工呼吸法和胸外按压，就能抢救成功。

（4）触电者心跳、呼吸停止时，应立即进行心肺复苏法抢救，不得延误或中断。

（5）触电者和被雷击伤者心跳、呼吸停止，并伴有其他外伤时，应先迅速进行心肺复苏急救，然后再处理外伤。

(6) 发现杆塔上或高处有人触电，要争取时间及早在杆塔上或高处开始抢救。触电者脱离电源后，应迅速将伤员扶卧在救护人员的安全带上（或在适当地方躺平），然后根据伤者的意识、呼吸及颈动脉搏动情况来进行前述5项不同方式的急救。应提醒的是高处抢救触电者，迅速判断其意识和呼吸是否存在是十分重要的。若呼吸已停止，开放气道后立即口对口（鼻）吹气2次，再测试颈动脉，如有搏动，则每5秒继续吹气1次；若颈动脉无搏动，可用空心拳头叩击心前区2次，促使心脏复跳。若需将伤员送至地面抢救，应再口对口（鼻）吹气4次，然后立即用绳索放下，如图5—1所示。迅速放至地面，并继续按心肺复苏法坚持抢救。

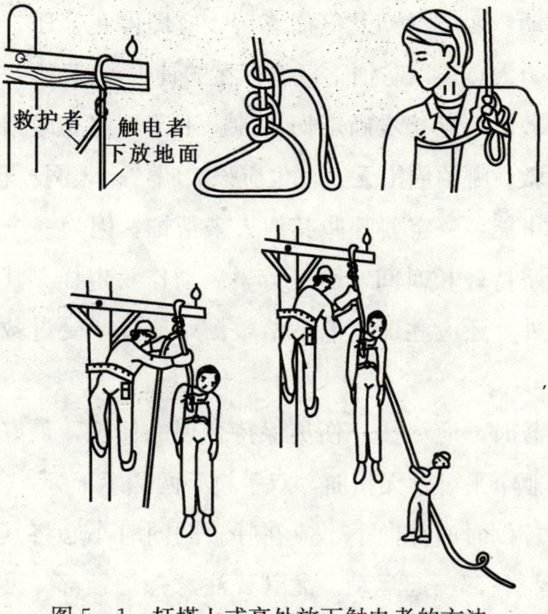

图5—1 杆塔上或高处放下触电者的方法

(7) 触电者衣服被电弧光引燃时，应迅速扑灭其身上的火源，着火者切忌跑动，可利用衣服、被子、湿毛巾等扑火，必要时可就地躺下翻滚，使火扑灭。

二、伤员脱离电源后的处理

1. 判断是否有意识

(1) 首先应判断伤员的意识情况，并根据情况做相应的处理。

1) 轻轻拍打伤员肩部，高声喊叫，如“喂！你怎么啦?”

2) 如与伤员认识，可直接呼喊其姓名。如果伤员有意识，立即送医院救治。

3) 如果伤员没有反应，立即用手指甲掐压人中穴、合谷穴约 5 秒钟。

注意：以上 3 步动作应在 10 秒钟以内完成，不可太长，如伤员出现眼球活动、四肢活动及疼痛感后，应即停止掐压穴位。拍打肩部时不可用力太重，以防加重可能存在的骨折等损伤。

(2) 呼救。一旦初步确定伤员神志不清，应立即招呼周围的人前来协助抢救，哪怕周围无人，也应该大叫“来人啊！救命啊！”

如果有可能，一定要呼叫其他人来帮忙，因为一个人做心肺复苏术不可能坚持较长时间，而且劳累后动作易走样。其他人除协助做心肺复苏外，还应立即打电话给救护站或呼叫受过救护训练的人前来帮忙。

(3) 抢救时，应尽量让伤员保持合理的体位，最好是仰卧。伤者头、颈、躯干平卧、无扭曲，双手放于两侧躯干旁。

如伤员摔倒时面部向下，应在呼救的同时小心将其转动，转动时使伤员全身各部一起运动。尤其要注意保护颈部，可以一手托住颈部，另一手扶着肩部，使伤员头、颈、胸平稳地转至仰卧，躺在坚实的平面上，四肢平放，如图 5—2 所示。

注意：抢救者跪于伤员肩颈侧旁，将其手臂举过头，拉直双腿，注意保护颈部。解开伤员上衣，暴露胸部（或仅留内衣），冷天要注

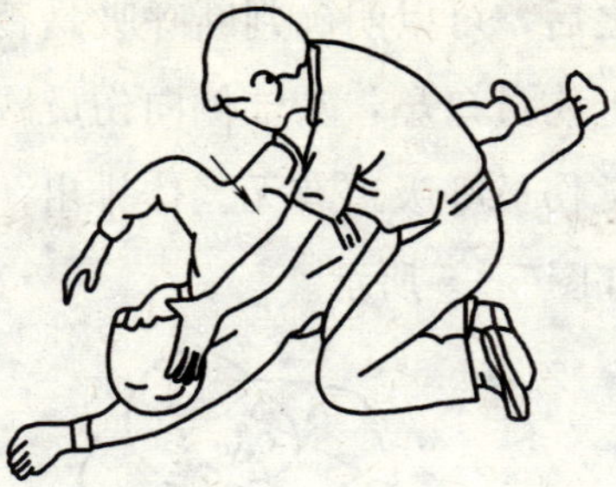

图 5—2　转动伤员的方法

意使其保暖。

2. 查看呼吸道是否通畅

当发现触电者呼吸微弱或停止时，应立即通畅触电者的呼吸道以促进触电者呼吸或便于抢救。通畅呼吸道主要采用仰头举颌法。即一手置于前额使头部后仰，另一手的食指与中指置于下颌骨近下颌或下颌角处，抬起下颌，如图 5—3 和图 5—4 所示。

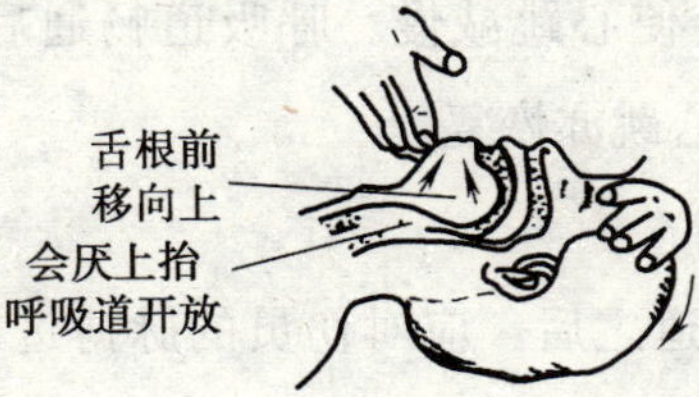

图 5—3　仰头举颌法

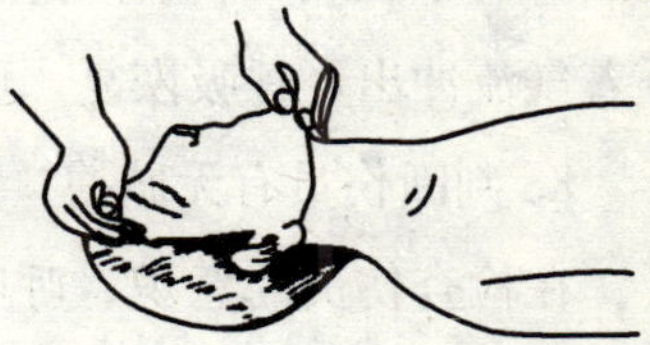

图 5—4　抬起下颌法

注意：严禁用枕头等物垫在伤员头下；手指不要压迫伤员颈前部、颌下软组织，以防压迫呼吸道，颈部上抬时不要过度伸展，有假牙托者应取出。儿童颈部易弯曲，过度抬颈反而使呼吸道闭塞，因此不要抬颈牵拉过度。成人头部后仰程度应为 90°，儿童头部后仰程度应为 60°，婴儿头部后仰程度应为 30°，颈椎有损伤的伤员应采用双下颌上提法。

在通畅呼吸道之后，可以明确判断呼吸是否存在。维持开放呼吸道位置，用耳贴近伤员口鼻，头部侧向伤员胸部，眼睛观察其胸有无起伏；面部感觉伤员呼吸道有无气体排出；或耳听呼吸道有无气流通过的声音，如图 5—5 所示。

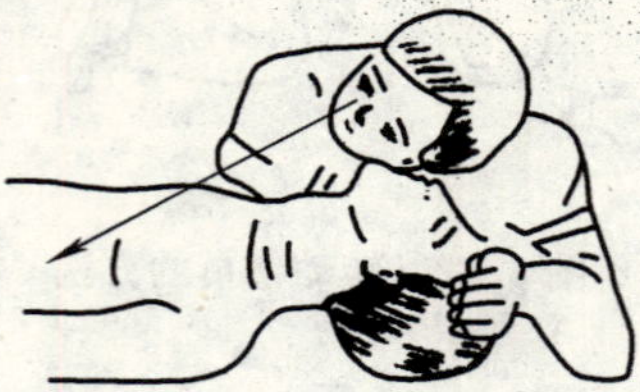

图 5—5 判断呼吸的方法

注意：①保持呼吸道开放位置；②观察 5 秒钟左右时间；③有呼吸者，注意保持呼吸道通畅；④无呼吸者，立即进行口对口人工呼吸；⑤部分伤员因口腔、鼻腔内异物（如分泌物、血液、污泥等）导致呼吸道阻塞时，应将触电者身体侧向一侧，迅速将异物用手指抠出；⑥不通畅而产生窒息，可能会使心跳减慢。呼吸道畅通后，随着气流冲出，呼吸恢复，可能会使心跳亦恢复。

3. 判断伤员有无脉搏

在检查伤员的意识、呼吸、呼吸道之后，应对伤员的脉搏进行检查，以判断伤员的心脏跳动情况。具体方法如下：

（1）在开放呼吸道的位置下进行（首次人工呼吸后）。

（2）一手置于伤员前额，使头部保持后仰，另一手在靠近抢救者一侧触摸颈动脉。

（3）可用食指及中指指尖先触及气管正中部位，男性可先触及喉结，然后向两侧滑移 2～3 cm，在气管旁软组织处轻轻触摸颈动脉搏动，如图 5—6 所示。

注意：①触摸颈动脉不能用力过大，以免推移颈动脉，妨碍触

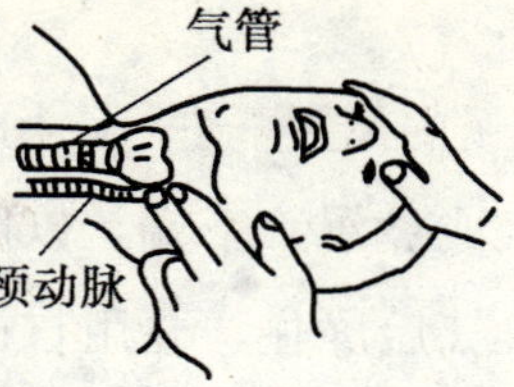

图 5—6　触摸颈动脉

及；②不要同时触摸两侧颈动脉，以防造成头部供血中断；③不要压迫气管，以防造成呼吸道阻塞；④检查时间不要超过 10 秒钟；⑤如果未触及搏动，可能是心跳已停止，或触摸位置有错误；如果触及搏动，可能是有脉搏、心跳，或触摸感觉错误（可能将自己手指的搏动感觉为伤员脉搏），应根据情况综合判定；⑥如果无意识，无呼吸，瞳孔散大，面色紫绀或苍白，再加上触不到脉搏，可以判定心跳已经停止；⑦婴、幼儿因颈部肥胖，颈动脉不易触及，可检查肱动脉，肱动脉位于上臂内侧腋窝和肘关节之间的中点，用食指和中指轻压在内侧，即可感觉到脉搏。

根据以上判断伤者的具体情况，采取不同的救治方法，见表 5—1。

表 5—1　　　　不同状态下电击伤患者的急救措施

神志	心跳	呼吸	对症救治措施
清醒	存在	存在	静卧、保暖、严密观察
昏迷	停止	存在	胸外心脏按压术
昏迷	存在	停止	口对口（鼻）人工呼吸
昏迷	停止	停止	同时做胸外心脏按压和口对口（鼻）人工呼吸

三、口对口（鼻）呼吸

当判断伤员确实不存在呼吸时，应立即进行口对口（鼻）人工呼吸，其具体方法是：

（1）在保持呼吸通畅的位置下进行。用按于前额一手的拇指与食指，捏住伤员鼻孔（或鼻翼）下端，以防气体从口腔内经鼻孔逸出，施救者深吸一口气后屏住，并用自己的嘴唇包住伤员微张的嘴。

（2）用力快而深地向伤员口中吹气，同时仔细地观察伤员胸部有无起伏，如无起伏，说明气未吹进，如图 5—7 所示。

（3）一次吹气完毕后，应立即与伤员口部脱离，轻轻抬起头部，面向伤员胸部，吸入新鲜空气，以便做下一次人工呼吸。同时使伤员的口张开，捏鼻的手也可放松，以便伤员从鼻孔通气，观察伤员胸部向下恢复时，是否有气流从伤员口腔排出，如图 5—8 所示。

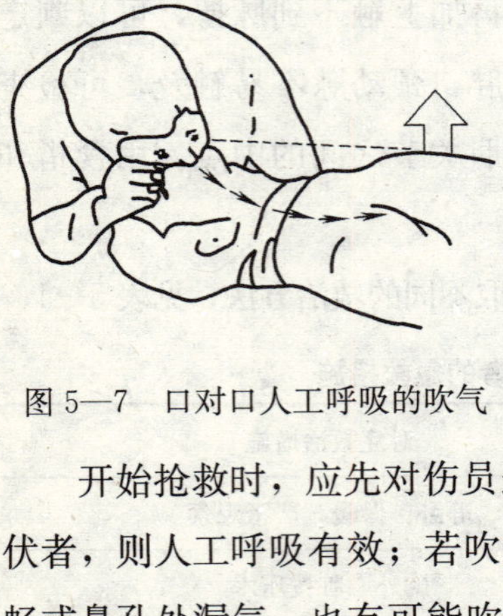

图 5—7　口对口人工呼吸的吹气

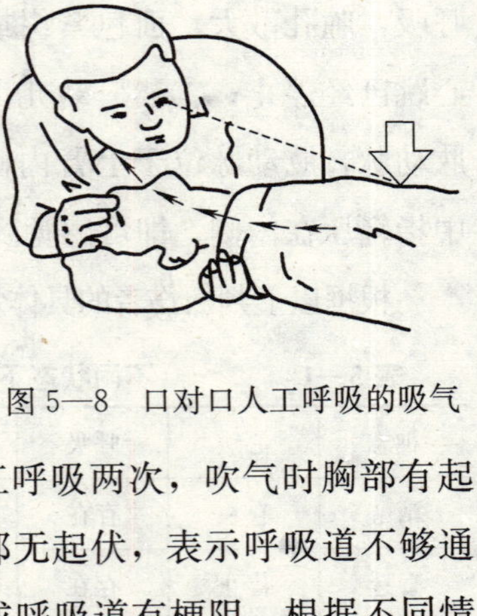

图 5—8　口对口人工呼吸的吸气

开始抢救时，应先对伤员进行人工呼吸两次，吹气时胸部有起伏者，则人工呼吸有效；若吹气时胸部无起伏，表示呼吸道不够通畅或鼻孔处漏气，也有可能吹气不足或呼吸道有梗阻，根据不同情况采取相应的措施。

注意：①每次吹气量不要过大，大于 1 200 ml 会造成胃扩张；②吹气时不要按压胸部；③儿童伤员需视年龄不同而异，其吹气量为 800 ml 左右，以胸廓能上抬时为宜；④开始抢救时先进行人工吹气两次，每次时间 1～1.5 秒；⑤有脉搏无呼吸的伤员，则每 5 秒吹一口气，每分钟吹气 12 次；⑥口对鼻的人工呼吸，适用于有严重的下颌及嘴唇外伤、牙关紧闭、下颌骨骨折等难以采用口对口吹气法的伤员；⑦婴、幼儿急救操作时要注意，因婴、幼儿韧带、肌肉松弛，故头不可过度后仰，以免气管受压，影响呼吸道通畅。可用一手托颈，以保持呼吸道平直；另一方面因为婴、幼儿口鼻开口均较小，位置又很靠近，抢救者可用口贴住婴幼儿口与鼻的开口处，施行口对口鼻呼吸。

需要说明的是口对口呼吸是一种快捷、有效的通气方法，呼出气体中的含氧量（16%～17%）足以满足抢救者的需要。

四、人工循环（胸外按压）

人工建立循环的方法有两种，第一种是体外心脏按压（胸外按压），第二种是开胸直接压迫心脏（胸内按压）。在现场急救中，采用的是第一种方法，应牢固掌握。

1. 按压部位

做人工循环时按压的位置在胸骨中 1/3 与下 1/3 交界处，如图 5—9 所示。

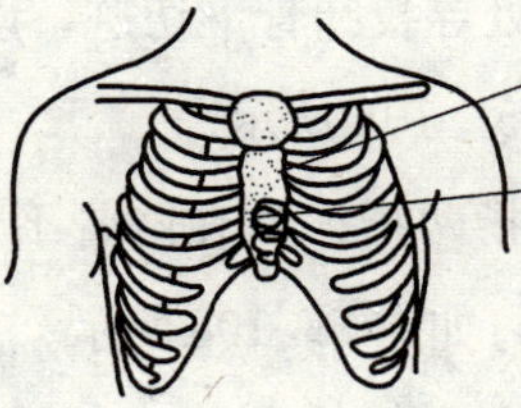

图 5—9　胸外按压位置

2. 伤员体位

伤员应仰卧于硬板床或地上。如为弹簧床，则应在伤员背部垫一硬板。硬板长度及宽度应足够大，以保证按压胸骨时，伤员身体不会移动。但不可因找寻垫板而延误开始按压的时间。

3. 快速测定按压部位的方法

快速测定按压部位可分 5 个步骤，如图 5—10 所示。

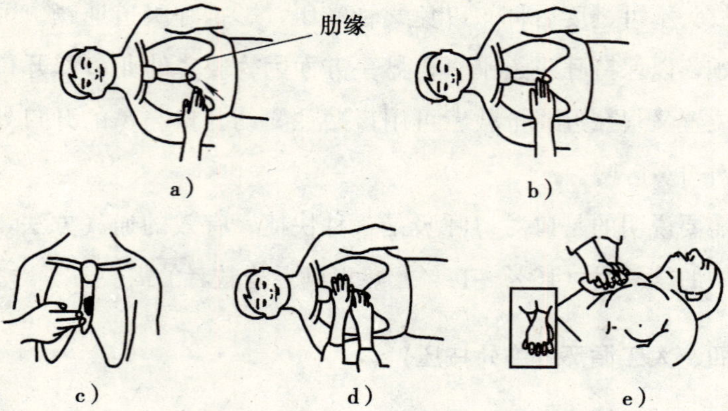

图 5—10 快速测定按压部位分解图

a) 二指沿肋弓向中间移滑 b) 切迹定位标志

c) 按压区 d) 掌根部放在按压区 e) 重叠掌根

(1) 首先触及伤员上腹部，以食指及中指沿伤员肋弓处向中间移滑，如图 5—10a 所示。

(2) 在两侧肋弓交点处寻找胸骨下切迹，以切迹作为定位标志。不要以剑突下定位，如图 5—10b 所示。

(3) 然后将食指及中指两指横放在胸骨下切迹上方，食指上方的胸骨正中部即为按压区，如图 5—10c 所示。

(4) 以另一手的掌根部紧贴食指上方，放在按压区，如图 5—10d 所示。

(5) 再将定位之手取下，重叠将掌根放于另一手背上，两手手指交叉抬起，使手指脱离胸壁，如图 5—10e 所示。

4. 按压姿势

正确的按压姿势，如图 5—11 所示，抢救者双臂绷直，双肩在伤员胸骨上方正中，靠自身重量垂直向下按压。

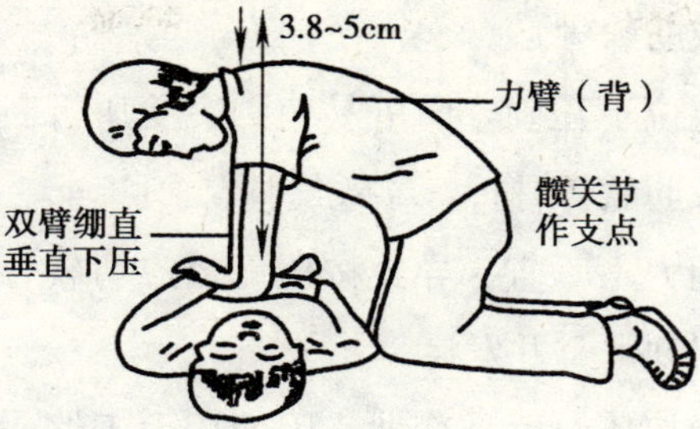

图 5—11　正确按压姿势

5. 按压用力方式

（1）按压应平稳、有节律地进行，不能间断。

（2）不能冲击式地猛压。

（3）下压及向上放松的时间应相等。按压至最低点处，应有一明显的停顿。

（4）垂直向下用力，不要左右摆动。

（5）放松时定位的手掌根部不要离开胸骨定位点，但应尽量放松，务使胸骨不受任何压力。

6. 按压频率

按压频率应保持在 100 次/分钟。

7. 按压与人工呼吸比例

按压与人工呼吸的比例关系通常为：单人，15∶2；双人复苏，5∶1；婴儿、儿童，5∶1。

8. 按压深度

通常，成人伤员为 3.8～5 cm，5～13 岁伤员为 3 cm，婴、幼儿伤员为 2 cm。

9. 胸外心脏按压常见的错误

（1）按压除掌根部贴在胸骨外，手指也压在胸壁上，这容易引起骨折（肋骨或肋软骨）。

（2）按压定位不正确，向下易使剑突受压折断而致肝破裂，向两侧易致肋骨或肋软骨骨折，导致气胸、血胸。

（3）按压用力不垂直，导致按压无效或肋软骨骨折，特别是摇摆式按压更易出现严重并发症。

（4）抢救者按压时肘部弯曲，因而用力不够，按压深度达不到3.8～5 cm。

（5）冲击式按压，猛压，其效果差，且易导致骨折。

（6）放松时抬手离开胸骨定位点，造成下次按压部位错误，引起骨折。

（7）放松时未能使胸部充分松弛，胸部仍承受压力，使血液难以回到心脏。

（8）按压速度不自主地加快或减慢，影响按压效果。

（9）双手掌不是重叠放置，而是交叉放置。

五、心肺复苏法

心肺复苏法抢救的过程如图 5—12 所示。

1. 操作过程

（1）首先判断昏倒的人有无意识。

（2）如无反应，立即呼救。

（3）迅速将伤员放置于仰卧位，并放在地上或硬板上。

（4）开放呼吸道。

（5）判断伤员有无呼吸。

（6）如无呼吸，立即口对口吹气两次。

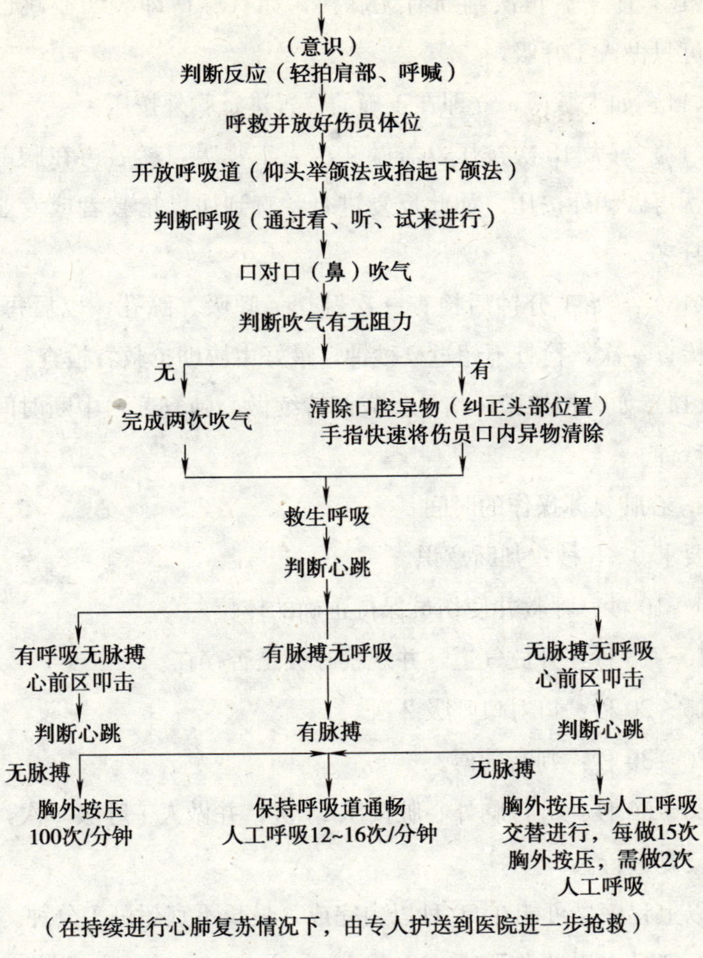

图 5—12　现场心肺复苏的抢救程序

（7）保持头后仰，另一手检查颈动脉有无搏动。

（8）如有脉搏，表明心脏尚未停跳，可仅做人工呼吸，12～16 次/分钟。

（9）如无脉搏，立即在正确定位下在胸外按压位置进行心前区叩击 1～2 次。

（10）叩击后再次判断有无脉搏，如有脉搏即表明心跳已经恢复，可只做人工呼吸。

（11）如无脉搏，立即在正确的位置进行胸外按压。

（12）每做 15 次按压，需做 2 次人工呼吸，然后再在胸部重新定位，再做胸外按压，如此反复进行，直到协助抢救者或专业医务人员赶来。

（13）开始 1 分钟后检查一次脉搏、呼吸、瞳孔，以后每 4～5 分钟检查一次，检查不超过 5 秒钟，最好由协助抢救者检查。

（14）如有担架搬运伤员，应该持续做心肺复苏，中断时间不超过 5 秒钟。

2. 心肺复苏操作的时间

要求 0～5 秒：判断意识。

5～10 秒：呼救并使伤员保持正确的体位。

10～15 秒：开放气道，并观察呼吸是否存在。

15～20 秒：口对口呼吸 2 次。

20～30 秒：判断脉搏。

30～50 秒：进行胸外心脏按压 15 次，并做人工呼吸 2 次，以后连续反复进行。

以上程序尽可能在 50 秒以内完成，最长不宜超过 1 分钟。

3. 双人复苏操作要求

（1）两人应协调配合，吹气应在胸外按压松弛的时间内完成。

（2）按压频率为 100 次/分钟。

（3）按压与呼吸比例为 15∶2，即 15 次心脏按压后，进行 2 次人工呼吸。

（4）为达到配合默契，可由按压者根据按压的次数发出口令："1，2，3，4，…，14，吹。"当吹气者听到"14"时，做好准备，听到“吹”后，即向伤员嘴里吹气，按压者继而重复口令，如此循环进行。

（5）人工呼吸者除需通畅伤员呼吸道、吹气外，还应经常触摸其颈动脉和观察瞳孔等，看伤员是否恢复心跳和呼吸。

4. 心肺复苏法注意事项

（1）吹气不能在向下按压心脏的同时进行，发出口令与按压节奏一致，且速度均衡，避免快慢不一。

（2）操作者应站在触电者侧面便于操作的位置，单人急救时应站立在触电者的肩部位置；双人急救时，吹气者应站在触电者的头部，按压心脏者应站在触电者胸部、与吹气者相对的一侧。

（3）人工呼吸者与心脏按压者可以互换位置，互换操作，但中断时间不超过5秒钟。

（4）第二抢救者到现场后，应首先检查颈动脉搏动，然后再开始做人工呼吸。如心脏按压有效，则应触到心脏搏动，如不能触及，应观察心脏按压者的技术操作是否正确，必要时应增加按压深度及重新定位。

（5）可以由第三抢救者及更多的抢救人员轮换操作，以保持精力充沛、姿势正确。

双人操作的协调性需要在实践中掌握，可两人（最好是同班组的人）模拟实践。

六、心肺复苏的有效指标、转移和终止

1. 心肺复苏的有效指标

心肺复苏术操作是否正确，主要靠平时严格训练，掌握正确的方法。而在急救中判断复苏是否有效，可以根据以下五方面综合考虑：

（1）瞳孔。复苏有效时，可见伤员瞳孔由大变小。如瞳孔由小变大、固定、角膜混浊，则说明复苏无效。

（2）面色（口唇）。复苏有效，可见伤员面色由紫绀转为红润，如若变为灰白，则说明复苏无效。

（3）颈动脉搏动。按压有效时，每一次按压可以摸到一次搏动。如若停止按压后搏动亦消失，应继续进行心脏按压；如若停止按压后，仍能感觉到脉搏，则说明伤员心跳已恢复。

（4）神志。复苏有效，可见伤员有眼球活动，睫毛反射与对光反射出现，甚至手脚开始抽动，肌张力增加。

（5）出现自主呼吸。伤员自主呼吸出现后，并不意味可以停止人工呼吸。如果自主呼吸微弱，仍应坚持口对口呼吸。

2. 转移和终止

（1）在现场抢救时，应力争抢救时间，切勿为了方便或让伤员舒服去移动伤员，从而延误现场抢救的时间。

现场心肺复苏应坚持不断地进行，抢救者不应频繁更换，即使送往医院途中也应继续进行，鼻导管给氧绝不能代替心肺复苏术。如需将伤员由现场移往室内，中断操作时间不得超过 7 秒；通道狭窄、上下楼层、送上救护车等的操作中断时间不得超过 30 秒。

将心跳、呼吸恢复的伤员用救护车送往医院时，应在伤员背部放一块宽度适当的硬板，以备随时进行心肺复苏。将伤员送到医院而专业人员尚未接手前，仍应继续进行心肺复苏。

（2）何时终止心肺复苏是一个涉及医疗、社会、道德等方面的问题。不论在什么情况下终止心肺复苏由医生或医生组成的抢救组的首席医生决定，否则不得放弃抢救。高压或超高压电击的伤员心跳、呼吸停止，更不应随意放弃抢救。

（3）被电击伤并经过心肺复苏抢救成功的电击伤员，都应让其充分休息，并在医务人员指导下进行不少于48小时的心脏监护。因为伤员在被电击过程中，由于电压、电流、频率的直接影响和组织损伤而产生的高钾血症，以及由于缺氧等因素，引起的心肌损害和心律失常，经过心肺复苏抢救，在心跳恢复后，有的伤员还可能会出现“继发性心跳停止”，故应进行心脏监护，以对心律失常和高钾血症的伤员及时予以治疗。

七、抢救过程注意事项

1. 抢救过程中的再判定

(1) 按压吹气1分钟后（相当于单人抢救时做了4个15：2压吹循环），应用看、听、试的方法在5～7秒钟时间内完成对伤员呼吸和心跳是否恢复的再判定。

(2) 若判定颈动脉已有搏动但无呼吸，则暂停胸外按压，而再进行2次口对口人工呼吸，接着每5秒钟吹气一次（即每分钟12次）。如脉搏和呼吸均未恢复，则继续坚持心肺复苏法抢救。

(3) 抢救过程中，要每隔数分钟再判定一次，每次判定时间均不得超过5～7秒钟。在医务人员未接替抢救前，现场抢救人员不得放弃现场抢救。

2. 采用肾上腺素等药物的态度

现场触电抢救，对采用肾上腺素等药物应持慎重态度。如没有必要的诊断设备条件和足够的把握，不得乱用。在医院内抢救触电者时，由医务人员经医疗仪器设备诊断，根据诊断结果决定是否采用。

从业人员最好把自己的姓名、单位、血型、病史简历和家属联系电话放到贴身工作服内，以备不时之需。

第二节　创伤急救

本节介绍创伤急救的基本知识，分别对骨折、止血、冻伤、烧伤和溺水等方面的急救知识进行介绍。在电力行业工作，除了有可能发生或者遇见触电事故以外，还有可能发生或遇见其他非触电类型事故，尤其是有的事故是触电伴随着烧伤、高空跌落等其他类型的致伤因由，所以，新从业者不能忽视对创伤急救相关知识的学习。

一、创伤急救的基本要求

（1）创伤急救原则上是先抢救，后固定，再搬运，并注意采取措施，防止伤情加重或污染。需要送医院救治的，应立即做好保护伤员措施后送医院救治。急救成功的条件是动作快、操作正确，任何延迟和误操作均可能加重伤情，严重时可导致死亡。

（2）抢救前先使伤员安静躺平，判断全身情况和受伤程度，如有无出血、骨折和休克等。

（3）外部出血立即采取止血措施，防止失血过多而休克。外观无伤但呈休克状态、神志不清或昏迷者，要考虑胸、腹部内脏或脑部受伤的可能性。

（4）为防止伤口感染，应用清洁布片覆盖。救护人员不得用手直接接触伤口，更不得在伤口内填塞任何东西或随便用药。

（5）搬运时应使伤员平躺在担架上，腰部束在担架上，防止跌落。平地搬运时伤员头部在后，上楼、下楼、下坡时头部在上，搬运中应严密观察伤员，防止伤情突变。伤员搬运时的方法如图 5—13 所示。

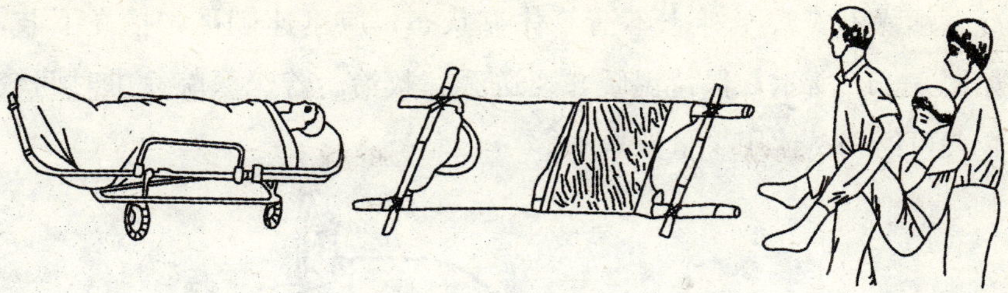

a） b） c）

图 5—13 搬运伤员

a）正常担架 b）临时担架及木板 c）错误搬运

二、止血

（1）伤口渗血时用较伤口稍大的消毒纱布数层覆盖伤口，然后进行包扎。若包扎后仍有较多渗血，可再加绷带并适当加压止血。

（2）若伤口出血呈喷射状或鲜红血液涌出时，立即用清洁手指压迫出血点上方（近心端），使血流中断，并将出血肢体抬高或举高，以减少出血量。

（3）用止血带或弹性较好的布带等止血时，如图 5—14 所示，应先用柔软布片或伤员的衣袖等数层垫在止血带下面，再扎紧止血带，以刚好使肢端动脉搏动消失为度。上肢每 60 分钟、下肢每 80 分钟放松一次，每次放松 1～2 分钟。开始扎紧与每次放松的时间均应书面标明在止血带旁。扎紧时间不宜超过 4 小时。不要在上臂中 1/3 处和腐下使用止血带，以免损伤神经。若放松时观察已无大出血可暂停使用。

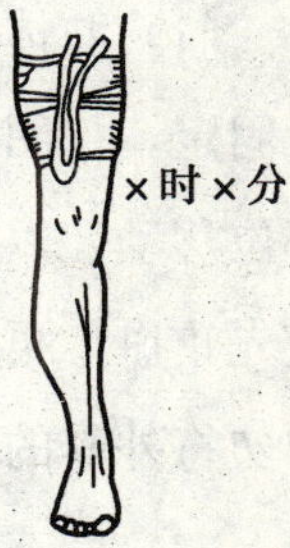

图 5—14 止血带

（4）严禁用电线、铁丝、细绳等代替止血带使用。

（5）高处坠落、撞击、挤压可能有胸腹内脏破裂出血。受伤者外观无出血但表现面色苍白、脉搏细弱、气促、冷汗淋漓、四肢冰冷、烦躁不安甚至神志不清等休克状态，应迅速躺平，抬高下肢，如图 5—15 所示，保持温暖，速送医院救治。若送医院途中时间较长，可给伤员饮用少量糖盐水。

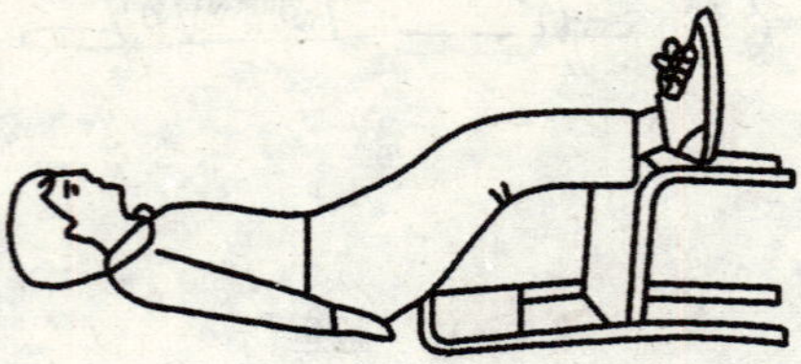

图 5—15　抬高下肢

三、骨折急救

骨折急救最重要的是避免在救助过程中造成二次伤害。具体要做到如下几点：

（1）肢体骨折可用夹板或木棍、竹竿等将断骨上、下方两个关节固定，如图 5—16 所示，也可利用伤员身体进行固定，避免骨折部位移动，以减少疼痛，防止伤势恶化。开放性骨折伴有大出血者，应先止血，再固定，并用干净布片覆盖伤口，然后速送医院救治。切勿将外露的断骨推回伤口内。

（2）疑有颈椎损伤，在使伤员平卧后，用沙土袋（或其他代替物）放置头部两侧，如图 5—17 所示，使颈部固定不动。进行口对口人工呼吸时，只能采用抬颌法使呼吸道通畅，不能再将头部后仰移动或转动头部，以免引起截瘫或死亡。

（3）腰椎骨折应将伤员平卧在平硬木板上，并将腰椎躯干及两侧下肢一同进行固定，预防瘫痪，如图 5—18 所示。搬动时应数人合作，保持平稳，不能扭曲。

（4）骨折固定和注意事项：

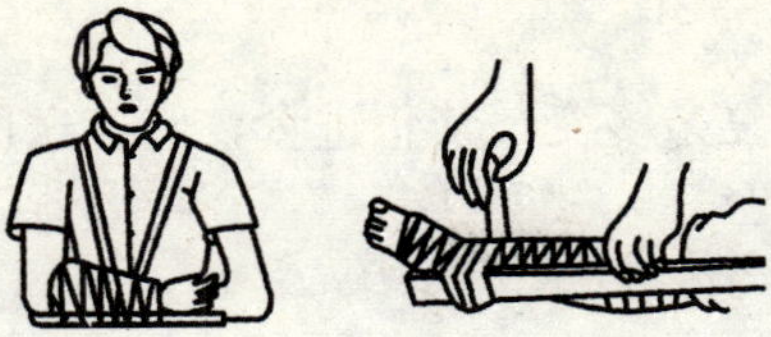

图 5—16　骨折固定方法

a）上肢骨折固定　b）下肢骨折固定

图 5—17　颈椎骨折固定

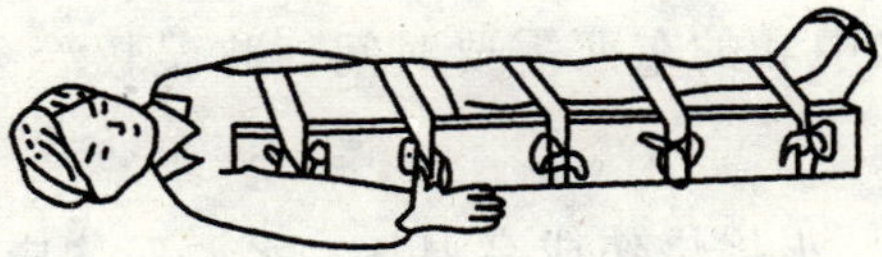

图 5—18　腰椎骨折固定

1）骨折固定应先检查意识、呼吸、脉搏及处理严重出血；

2）骨折固定的夹板长度应能将骨折处的上、下关节一同加以固定；

3）骨断端暴露时，不要拉动。

四、颅脑外伤

发生颅脑外伤的人，有可能在短时间内没有症状，但是有可能随着脑内部出血的增加而压迫脑神经，出现症状。对于发生颅脑外伤的人，要及时送医院进行临床观察。对于有反应症状的人，要做好如下几点：

（1）应使伤员采取平卧位，保持气道通畅，若有呕吐，应扶好其头部和身体，使其头部和身体同时侧转，防止呕吐物造成窒息。

（2）耳鼻有液体流出时，不要用棉花堵塞，只可轻轻拭去，以利降低颅内压力。不可用力擤鼻排除鼻内液体，也不可将液体再吸入鼻内。

(3) 颅脑外伤时，病情可能复杂多变，禁止进食，应速送医院诊治。

五、烧伤急救

对于强酸或碱的灼伤急救，关键是现场要准备好相关的碳酸氢钠（小苏打）或者醋酸溶液、氯化铵、枸橼酸液等，因为烧伤后再寻找这些可以中和的东西需要时间，耽误救治会加深对伤员的损害。

(1) 电灼伤、火焰烧伤或高温气、水烫伤均应保持伤口清洁。伤员的衣服鞋袜用剪刀剪开后除去。伤口全部用清洁布片覆盖，防止污染。四肢烧伤时，先用清洁冷水冲洗，然后用清洁布片或消毒纱布覆盖送医院。

(2) 强酸或碱灼伤应迅速脱去被溅染衣物，现场立即用大量清水彻底冲洗，然后用适当的药物给予中和；冲洗时间不少于 20 分钟；被强酸烧伤应用 5%碳酸氢钠（小苏打）溶液中和；被强碱烧伤应用 0.5%～5%醋酸溶液或 5%氯化铵或 10%枸橼酸液中和。

(3) 未经医务人员同意，灼伤部位不宜敷搽任何东西和药物。

(4) 送医院途中，可给伤员多次少量口服糖盐水。

六、冻伤急救

在恶劣的寒冬季节，如果在路途上迷路、遇阻，或者在工作地被困，这些情况最有可能造成冻伤。在寒冷的天气环境下工作，要保证自己与工作责任人的通讯联络畅通，要保证手机电池够用。对于在手机信号不好或者无信号的地方工作，要保持人员与人员之间的联系，相互联络时，可喊话证明安全。另外，要注意自己的穿着，在保暖的情况下，要尽量穿颜色醒目的衣服，以便在发生危险的时候，救助人员能够及时找到自己。在发生冻伤的情况下，要按照如下方式进行救助：

（1）冻伤使肌肉僵直，严重者深及骨骼，在救护搬运过程中动作要轻柔，不要强使其肢体弯曲活动以免加重损伤，应使用担架，将伤员平卧并抬至温暖室内救治。

（2）将伤员身上潮湿的衣服剪去后用干燥柔软的衣服覆盖，不得烤火或搓雪。全身冻伤者呼吸和心跳有时十分微弱，不应误认为死亡，应努力抢救。

七、动物咬伤急救

1. 毒蛇咬伤

毒蛇咬伤后，不要惊慌、奔跑、饮酒，以免加速蛇毒在人体内扩散。

（1）咬伤大多在四肢，应迅速从伤口上端向下方反复挤出毒液，然后在伤口上方（近心端）用布带扎紧，将伤肢固定，避免活动，以减少毒液的吸收。

（2）有蛇药时可先服用，再送往医院救治。

2. 犬咬伤

（1）犬咬伤后应立即用浓肥皂水冲洗伤口，同时用挤压法自上而下将残留伤口内唾液挤出，然后再用碘酒涂搽伤口。

（2）少量出血时，不要急于止血，也不要包扎或缝合伤口。

（3）应尽快送往医院作相应措施。

八、溺水急救

救助者在水中救助溺水者时，要注意防止溺水者将救助者拖下水，造成伤亡人数的扩大。

（1）发现有人溺水应设法迅速将其从水中救出，呼吸心跳停止时用心肺复苏法坚持抢救。曾受水中抢救训练者在水中即可抢救。

（2）口对口人工呼吸因异物阻塞发生困难而又无法用手指除去时，可用两手相叠，置于脐部稍上正中线上（远离剑突）迅速向上猛压数次，使异物退出，但也不可用力太大。

（3）溺水死亡的主要原因是窒息缺氧。由于淡水在人体内能很快经循环吸收，而气管能容纳的水量很少，因此在抢救溺水者时不应因“倒水”而延误抢救时间，更不应只“倒水”而不用心肺复苏法进行抢救。

九、高温中暑急救

（1）烈日直射头部，环境温度过高，饮水过少或出汗过多等可以引起中暑现象，其症状一般为恶心、呕吐、胸闷、眩晕、嗜睡、虚脱，严重时会抽搐、惊厥甚至昏迷。

（2）应立即将病员从高温或日晒环境转移到阴凉通风处休息。用冷水擦浴、湿毛巾覆盖身体、电扇吹风或在头部置冰袋等方法降温，并及时给病员口服盐水。严重者送医院治疗。

十、有害气体中毒急救

（1）气体中毒开始时有流泪、眼痛、呛咳、咽部干燥等症状，应引起警惕。稍重时会头痛、气促、胸闷、眩晕。严重时会引起惊厥、昏迷。

（2）怀疑可能存在有害气体时，应立即将人员撤离现场，转移到通风良好处休息。抢救人员进入险区应戴防毒面具。

（3）已昏迷伤、病员应保持呼吸道通畅，有条件时给予氧气吸入。呼吸心跳停止者按心肺复苏法抢救，并联系医院救治。

（4）迅速查明有害气体的名称，供医院及早对症治疗。相关从业者在工作之前，要确认现场已经备好（或者自行备好）必要的医药用品，做到以防万一。